수학적
사고법

수학적 사고법

시행착오를 통해 '생각의 해답'을 찾는다

요시자와 미쓰오 지음 | 박현석 옮김

사과나무

옮긴이 _ 박현석

대학에서 국문학을 전공하고 일본에 유학하여 도쿄 요미우리 이공전문학교에서 수학
한 후, 일본 기업에서 직장생활을 했다. 현재 출판기획, 전문 번역가로 활동 중이다.
주요 번역서로 《수학공식 7일 만에 끝내기》《절망의 재판소》《맛없어?》《판도라의
상자》《동행이인》《식탁 위의 심리학》 등이 있다.

수학적 사고법

1판 1쇄 발행 2015년 12월 23일
1판 3쇄 발행 2018년 10월 23일

지은이 요시자와 미쓰오
옮긴이 박현석
펴낸곳 도서출판 사과나무
펴낸이 권정자
본문·표지구성 김미영
등록번호 제11-123(1996. 9. 30)
주소 경기도 고양시 덕양구 충장로 123번길 26, 301-1208

전화 (031) 978-3436
팩스 (031) 978-2835
이메일 bookpd@hanmail.net

ISBN 978-89-6726-015-6 03410
* 잘못 만들어진 책은 바꾸어드립니다.
* 책값은 뒷표지에 있습니다.

이 도서의 국립중앙도서관 출판예정도서목록(CIP)은 서지정보유통지원시스템 홈페이지
(http://seoji.nl.go.kr)와 국가자료공동목록시스템(http://www.nl.go.kr/kolisnet)에서 이
용하실 수 있습니다.(CIP제어번호: CIP2015033499)

?

"수학을 모르는 자는 세계를 이해하지 못하고
자신의 무지함을 인식조차 못한다."

–프랜시스 베이컨

수학적 사고의 필요성

요즘 수학적 능력이나 수학적 사고의 중요성을 주장하는 책과 텔레비전 프로그램이 늘어나고 있다. 오랜 세월 수학 교육에 종사해왔으며, 또 여러 조언도 해왔던 수학자로서 기쁘기 그지없는 일이다.

다만 '논리적 사고'나 '전략적 사고'가 중요시되고 있는 것에 비해서, 혹은 아이들 수학 실력 향상의 필요성을 외치고 있는 것에 비해서 서적이나 텔레비전 보도 내용에는 수학적으로 의문을 가질 만한 것들이 많다. 뿐만 아니라 제대로 된 수학 교육을 받았을 것이라 생각되는, 지도적 위치에 있는 사람이나 지식인이라고 불리는 사람들의 발언 속에도 논리적으로 의심스러운 부분이 적지 않다.

무엇보다 우스운 것은 산수·수학이란, 주어진 조건 속에서 여러 가지로 '생각하는 법'을 배우는 것일 터인데 단순한 계산연습을 반복해서 속도를 올리거나 해법을 통째로 암기하는 것이 수학 실력을 키우는 '구세주'라도 되는 양 받아들여지고 있는 풍조다.

물론 계산력은 필요하다. 하지만 그와 같은 '조건반사적 암기 학습법'으로 '처리능력'은 향상시킬 수 있을지 모르나 사고력은 기를 수 없다. 하물며 가장 중요한 '수학의 즐거움'을 아는 것과는 완전히 정반대에 있는 방법이라고 말해도 좋으리라.

수학적 사고를 통해 배울 수 있는 것들 중에는 경제나 비즈니스뿐만 아니라 사회문제든, 정치적 문제든 우리 주변의 여러 가지 문제를 생각하고 해결할 때 그 열쇠가 되는 것이 아주 많다. 그리고 '설명력'에 있어서도 산수나 수학에서 배운 논리력이 큰 도움을 준다. 수학자의 입장에서 이러한 논리적인 생각과 설명하는 기술·방법을 충분히 소개하려는 것이 이 책의 의도이다.

원래 '창조'라는 것은, 스스로 여러 가지로 궁리하여 새로운 것을 만들어내는 것이지, 무엇인가를 외우거나 흉내 내는 것은 결코 아닐 터이다. 그리고 '창조력을 키운다'는 말은 '문제 해결을 위한 좋은 아이디어는 없을까?'하고 시행착오를 거쳐 포기하지 않고 해결에 이르는 과정을 끈질기게 생각해 나가는 힘을 기르는 것을 의미한다. '영감(inspiration)'만 해도 느닷없이 하늘에서 뚝 떨어지는 것이 아니다. 생각에 생각을 거듭해야만 그러는 사이에 문득 떠오르는 것이다.

그렇기 때문에 증명문제의 사전 단계로 '어떤 좋은 방법은 없을까?'라고 스스로 묻고 시행착오를 겪는 것이 중요하다. '요즘 젊은이들은 너무 쉽게 포기한다'는 말은 자주 듣지만, '요즘 젊은이들은 쉽게 포기할 줄을 모른다'는 말은 별로 들을 수 없게 되었다. 이러한 상황이 역전될 날이 오기를 바란다.

사람에 따라 정도의 차이는 있을 테지만, 시행착오 끝에 번쩍, 하고 머릿속에 해결 방법이 떠오르면 누구든 환희를 느낄 것이다. 하지만 머릿속 생각으로만 그치면 이른바 '**암묵지**(暗默知)'에 지나지 않는다. 그렇기 때문에 수학에 있어서의 증명 후 단계에서는 논리적으로 분명한 설명문인 증명문을 '**형식지**(形式知)'로 완성시켜 쓰게 하고 있다. 그 능력 역시 오늘날에는 매우 중요하다.

암묵지(Tacit Knowledge)
학습과 체험을 통해 개인에게 습득되어 있지만 겉으로 드러나지 않는 상태의 지식

형식지(Explicit Knowledge)
암묵지가 문서나 매뉴얼처럼 외부로 표출돼 여러 사람이 공유할 수 있는 지식을 말한다.

내부적인 대화나 암묵적 이해만으로도 소통이 충분한 좁은 사회에서 생활하고 있다면 모르겠지만, 지금은 정보화·국제화 시대다. 지금 사회에서 요구되는 것은 화려한 수식어로 꾸민 미사여구의 나열이나, 의미를 이해할 수 없는 언어의 나열이 아니다. 무엇보다 필요한 것은 누구에게도 잘못 전달되지 않을 객관적인 언어의 나열이다. 그런 의미에서 증명문제의 다음 단계로 이어지는 논리적 설명문 쓰기가 매우 중요하다.

또한 중요한 프로그램은 몇 개의 작은 프로그램들이 모여 이루어지는 것처럼 긴 설명문 또한 몇 개의 단락으로 나뉘는 것이

일반적이다. 따라서 긴 설명문을 쓰다보면, 전체를 한눈에 볼 수 있는 능력이 생기게 된다.

지금 우리에게 요구되는 가장 중요한 능력은 '끈질기게 생각하는 능력'과 '논리적으로 분명하게 설명하는 능력'이다. 따라서 그 양자를 종합한 '증명력'을 기르는 교육이 경시되고 있는 지금의 수학 교육 상황을 하루라도 빨리 개선해야 한다. 그리고 교육에서만이 아니라 다른 면에서도 수학적 사고가 중요하다고 생각한다면, 당장의 '효과'만을 중시하는 '조건반사적 암기'에 의한 계산으로 수학 능력이 향상될 것이라는 환상을 먼저 버려야 할 것이다.

이 책에서는 수학적 사고방식과 재미를 이해시키기 위해서 각 항을 짧지만 완결된 칼럼 형식으로 정리했다. 따라서 어느 부분이든 흥미를 느끼는 곳을 먼저 읽어도 상관이 없다. 제1장에서는 교육문제를 중심으로 수학에 관한 세상의 여러 가지 '오해'에 대해서 다루었으며, 제2장 이후부터는 '전(前) 단계로 시행착오라는 사고를 실행한 뒤, 다음 단계로 설명력을 구사'하는 증명문제의 순서에 따라 구성했다.

이 책에는 학생들에게는 산수나 수학을 배우는 데 있어서 가장 중요한 핵심을, 그리고 어른들에게는 수학적 사고법 중에서 매우 중요한 것을 수록했다고 생각한다. 조금이나마 여러분들께 도움이 되기를 바란다.

차례

2장 '시행착오'라는 사고법

3장 '수학적 사고'의 핵심

4장 '논리적인 설명'의 열쇠

1장

수학에 대한 오해

분수 계산을 못 하는
대학생

계산 '방법'만으로는
곧 잊어버리고 만다

《분수 계산을 못 하는 대학생》이 출판된 것은 1999년의 일이었다. 그 후 '학력 저하'의 상징으로 분수 계산을 못 하는 대학생이 화제의 중심이 되어왔다. 나도 그 책의 '수학은 쓸모없는 것일까?'라는 항목을 집필했는데, 자극적인 제목과는 달리 책의 주요 내용은 '수학적인 사고방식의 중요성'을 이야기한 것이다.

사실 출판 직전까지는 좀 더 내용에 가깝고 상식적인 제목을 생각하고 있었다. 그러다 최종적으로《분수 계산을 못 하는 대학생》으로 제목이 결정되었다는 소식을 듣고 '그 제목이라면 잘 팔리겠군. 세상에 극적인 변화를 가져올지도 모르겠어'라며 내심 가슴 설렘을 느꼈다. 하지만 그와 동시에 '수학은 그저 계산 기술에 지나지 않는다'라는 미신이 부활하거나, 수학을 공부하는 목적이 단지 시험을 치르는 테크닉을 익히는 것으로 종결되지는 않을까 하는 일말의 불안감을 품었던 것도 사실이다.

우리는 1990년대 중반부터 '학습지도요강'의 개정이 있을 때마다 학생들의 학력이 저하되고 있다는 사실을 여러 가지 데이터를 종합해 호소해왔으나, 당시의 매스컴은 전혀 귀를 기울이지 않았다. 그러다 이 책의 출판을 시점으로 갑자기 '학력 저하' 문제에 주목하게 되었다. 그런 의미에서는《분수 계산을 못 하는 대학생》이라는 제목은 커다란 플러스 요인이었다. 하지만 이제 와서 생각해보면 '일말의 불안'이 적중한 것도 틀림없는 사실이다. 제목만이 지나치게 부각되었다는 느낌을 지울 수가 없으니까.

실제로 분수 계산조차 만족스럽게 하지 못 하는 대학생이 아주 많다. 대부분의 사람들은 대학생들이 초등학교 무렵부터 분수 계산을 못 하는 채로 대학생이 된 것이라고 생각하고 있는 듯한데, 사실은 그렇지 않다. 내 자신이 문과, 이과를 불문하고 수많은 대학생을 직접 접해온 경험을 통해 봐도 그렇고, 한 전문대학에서 수학의 복습 수업을 도와주고 있는 졸업생들의 보고 내용을 봐도 알 수 있듯이 분수 계산을 하지 못하는 대학생들이라 할지라도 대부분은 초등학교 고학년부터 중학생 무렵의

한 시기에는 분수 계산을 할 줄 알았다. 그리고 그들은 "예전에 어렸을 때는 분수 계산을 할 줄 알았으나 방법을 잊어버려 지금은 못 한다"고 대답한다.

여기서 주의해야 할 점은 '예전에 ○○때는 △△을 할 줄 알았으나 방법을 잊어버려 지금은 못 한다'는 식의 말을, 분수뿐만 아니라 수학의 다른 내용에 관해서도 종종 들을 수 있다는 점이다. 예를 들어 ○○를 '중학생'으로 바꾸고, △△를 '인수분해'로 바꾸어보는 경우도 그렇다. 그들은 왜 '방법'을 잊어버리는 것일까? 바로 이 점이 문제이다.

학력 저하의 상징적인 공식처럼 되어버린 '$\frac{1}{2}+\frac{1}{3}=\frac{2}{5}$'로 그 본질을 설명하겠다.

일반적으로 $\frac{1}{2}$은 $\frac{3}{6}$이 되고, $\frac{1}{3}$은 $\frac{2}{6}$가 된다는 사실을 먼저 분명하게 이해한 뒤 분수의 덧셈을 시행한다. 하지만 그들은 그렇게 하지 않고, 다음과 같은 순서의 '방법'만을 기억하고 있었던 것이다. 즉,

① $\frac{1}{2}$의 분모인 2와 $\frac{1}{3}$의 분모인 3을 곱해서 6이 나오면 그것을 답의 분모로 둔다.

② $\frac{1}{2}$의 분자 1과 $\frac{1}{3}$의 분모 3의 곱인 3과, $\frac{1}{2}$의 분모인 2와 $\frac{1}{3}$의 분자인 1의 곱인 2의 합, 즉 5를 답의 분자로 둔다.

③ 따라서 답은 $\frac{5}{6}$가 된다.

이러한 '방법'의 연습부터 시작하도록 교육 받은 사람이 그

'방법'을 잊어버리고 분모와 분모끼리, 분자와 분자끼리 더해서 '$\frac{2}{5}$'라는 답을 내놓는 것이다. 이런 '방법'만을 정착시키기 위해서 분수 계산의 과정을 몇 번이고 되풀이하여 아무리 속도 경쟁을 한다 한들, 해법을 곧 잊어버리고 마는 것은 당연한 일이다.

한 공립 중학교 수학교사의 실제 사례가 신문에 실린 적이 있다.

이제 막 입학한 중학교 1학년생에게 '3.2+1.1은?'이라고 물었더니 한 학생이 '0.43'이라고 대답했다고 한다. 단순히 덧셈을 한 뒤 곱셈에서처럼 소수점의 위치를 옮겨놓은 것이다. 이것도 '방법'부터 가르쳐 '방법'을 잊어버린 예 중 하나일 것이다.

인수분해도 처음부터 그 연습만을 하는 것이 아니라, 인수분해의 공식을 이끌어내는 과정인 '식의 전개'와 함께 배웠다면 어른이 되어서도 그 방법을 금방 떠올릴 수 있을 것이다. 예를 들어 $(x+a)(x+b)$를 $x^2+(a+b)x+ab$로 전개하는 것을 분명히 인식해 두었다면 그 반대인 인수분해를 이끌어내는 것도 쉽게 해낼 수 있다. 반대인 인수분해만을 공식으로 암기해버리기 때문에 그것을 잊어버리면 어떻게 해야 좋을지 모르게 되는 것이다.

계산 연습은 필요하다. 하지만 '공식'이나 '방법'을 이끌어내는 과정을 분명하게 납득한 뒤 행해야 하며, 수식을 깔끔하게 쓰는 것도 염두에 두어야 한다. 그런데 '학력 저하 논의'에서 일어난 현상을 살펴보면, 사고방식을 이해한 뒤에 한 걸음씩 정확히 계산하는 것이 아니라, 수식의 생명과도 같은 등호마저 생략하고 표 안에 답만을 빠르게 쓸 수 있도록 훈련하는 것이야말로 '학력 향상'의 구세주라고 생각하는 환상이 일반 어른들뿐만 아니라 일부 교사들까지도 갖고 있다는 사실이다. 《분수 계산을 못하는 대학생》의 집필자 중 한 사람으로서 참으로 안타까움을 금할 길이 없다.

계산 '방법'의 이유와 배경을 생각하자

내가 가지고 있는 오래 된 인도의 교과서를 살펴보면 구구단을 외우게 하는 연습 중 하나로 10×10짜리 네모 칸을 채우게 하는 문제가 있다. 연습 문제에는 가로와 세로의 네모 칸에 0에서 9까지의 숫자가 제 각각 늘어서 있다. 하지만 10×10짜리 네모 칸을 채우게 하는 문제는, 구구단을 외우게 하는 연습문제 이외의 곳에서는 보이지 않는다. 내가 어렸을 때도 구구단을 외우게 하는 10×10짜리 네모 칸처럼 생긴 패널식 교구가 있었으나 대부분의 사람들이 그렇듯 그런 것은 사용하지 않고 가정에서 부모님과의 대화를 통해 구구단을 외웠다. 초등학생에게 구구단만은 반사적으로 정확하게 대답할 수 있을 정도로 암기시켜야 할 필요도 있지만, 동시에 그것들의 결과는 덧셈으로도 구하도록 해두어야 한다.

계산 연습이 중요하지 않다고 말하려는 것이 아니다. 오히려 2자릿수×2자릿수 이상의 계산 연습은 초등학생 때부터 확실히 해두어야 한다. 인도의 산수 교과서에는 5자릿수×3자릿수의 계산이나 자릿수가 상당히 다른 숫자가 나오는 혼합 계산문제도 여럿 실려 있다. 응용 면을 생각하면 그처럼 자릿수가 상당히 다른 숫자끼리의 계산 연습을 해두는 것이 중요하기 때문이다.

중·고교 수준에서도 계산 연습은 중요하다. 나는 기존에 출간된 저서에서도 일부러 '계산'이라는 제목을 붙여 계산 연습의 중요성을 강조했고, 공저인 중학 수학 교과서의 '머리말'에서도 일부러 그 중요성을 얘기했을 정도다. 다만 수식은 생략하지 말고 정확하게 서술해야 한다. 어렸을 때 수식을 정확히 쓰는 버릇을 들이지 않기 때문에 대학생이 되어서도 등호의 의미조차 제대로 모르는 이상한 수식을 아무렇지도 않게 쓰는 곤란한 현상이 차례로 나타나버리고 마는 것이다.

'표 안에 답만을 얼른 써넣게 하는 훈련은 일정한 규칙에 따라 계산하는 연산에서 숫자와 답이 되는 숫자가 멀리 떨어져 있기 때문에 아이들에게 커다란 스트레스를 주는 것이 아닐까?'하고 걱정하는 의견도 있다. 그래서 요즘에는 삼각형이나 원 등을 사용하여, 연산시키는 숫자와 답이 되는 숫자가 가까이 붙어 있도록 만든 연습장도 등장했다. 하지만 그러한 '개량'에 힘을 쏟기보다는 오히려 수식을 정확히 쓰게 하는 정통적인 계산연습장을 재평가해야 하는 것은 아닐까.

참고로 내가 초등학교에 다닐 무렵에는 문부성에서 계산연습장을 만들어 학생들에게 배포했다. 물론 무료였다(그 해답 중에서 틀린 부분을 찾아냈던 것이 지금까지도 그리운 추억으로 남아 있다). 또한 담임선생님이 등사판으로 인쇄해서 주신 계산 프린트도 정겨움이 느껴지는 즐거움 중 하나였다. 그 이후부터 지금에 이르기까지 학습 참고서를 산 적은 있어도 계산연습장을 산 적은 한 번도 없었다.

특허권이나 저작권에 대한 인식이 철저한 미국에서는 무료 프로그램 제작도 활발히 행해지고 있다. 수학자들이 논문에 사용하는 TeX(텍)이라는 수학 프로그램은 어떤 수식이나 기호에도 대응할 수 있는 뛰어난 프로그램인데, 그것 역시 무료 프로그램이다. 당연히 아이들이 연습할 수 있는 계산연습 프로그램도 여러 가지 종류가 있는데 뛰어난 프로그램들도 무료로 배포되고 있다. 나도 모르게 웃음을 터뜨린 것은 야드와 파운드 법을 쓰는 미국답게 '12×12'짜리 네모 칸 안에 답을 쓰게 하는 형식의 프로그램을 발견했을 때였다. 물론 무료로 내려받을 수 있다. 썩 인기가 좋은 것처럼 보이지는 않았지만 그래도 한번쯤 시도해보는 건 어떨지.

어쨌든 서점에는 《○○필승법》, 《△△테크닉》 등과 같은 방법을 가르치는 서적이 넘쳐나고 있다. 내용은 천차만별이어서 '왜 필승법이 되는가', '왜 유효한 테크닉이 되는가' 등의 이유와 배경을 분명하게 적어놓은 것도 있는가 하면, 파친코 공략법 등과 같은 책에서 흔히 볼 수 있는 것처럼 아무런 설명도 없이 그저 '방법'만을 적어놓은 것도 있다.

'$\frac{1}{2}+\frac{1}{3}=\frac{2}{5}$'나 '3.2+1.1=0.43'과 같은 예는 단순히 계산연습이 부족하기 때문에 일어난 현상은 아니다. 그렇게 피상적으로 받아들이기보다는, 분모를 곱하거나 소수점을 왼쪽으로 옮기는 계산상의 '테크닉'에 어떤 '이유'와 '배경'이 있는가를 경시하고, 단순히 '푸는 법'에만 의지하는 학습법의 위험한 면을 보여주고 있는 것이라고 받아들여야 할 것이다. 그렇게 하면 《○○필승법》, 《△△테크닉》도 효율적으로 활용할 수 있을 것이다.

최근 중장년들 중에 옛날의 과학소년 시대를 그리워하며 실험기구나 교육완구를 자택에 들여놓고 즐기는 사람들이 급증하고 있다는 뉴스를 자주 접한다. '이유'나 '배경'을 경시한 채 편리해 보이는 테크닉에 의존하기 쉬운 지금의 우리 사회에 대한 무거운 메시지가 아닐까?

'분수로 나눌 때는 분자와 분모를 바꾸어 곱하면 된다'고 다짜고짜로 외운 뒤 바로 연습을 하는 것이 아니라, 그 의미를 각자가 각자의 방법대로 납득한 뒤 정확하게 식을 써서 많은 연습을 했으면 한다.

젊은이들은 왜 지도를
읽지 못할까

지도 설명은 도형의 증명과
아주 비슷하다

몇 해 전 지바 현립 고등학교 입시 국어 문제에, 지도를 보면서 할아버지에게 길을 안내하는 서술형 문제가 출제되었다. 200자 이내로 작문을 하는 문제였는데 놀랍게도 수험생의 절반이 0점이었다고 한다.

"요즘 젊은이들은 지도의 설명이 아주 서툴다"는 말을 나이 드신 분들에게서 곧잘 들을 수 있다. 실제로 젊은이에게 길을 물었다가 "이쪽으로 가서, 네, 저쪽으로 가세요"라는 대답을 들은 경험이 내게도 있다. 그런 식의 대답을 답안지에 그대로 적었다면 0점 이상의 점수를 받기는 어려웠으리라.

'지도 설명'의 중요성은 10년 이상에 걸친 나의 수학 계몽활동 속에서도 줄곧 주장해온 내용이다. "논리적 사고력은 지도를 설명하는 연습을 시키면 길러진다"거나 "입사시험에서 지식에 관한 것만을 물을 것이 아니라, 가장 가까운 역에서 이 시험장까지 어떤 길을 따라 왔는지를 설명하게 하면 응시자의 논리적 설명력을 단번에 알 수 있다"는 등의 주장을 해왔다. 지도의 설명은 국어만의 문제가 아니다.

물론 '조건반사적 암기'에 의한 계산훈련을 수차례 거듭한다고 해서 익힐 수 있는 것도 아니다. 놀이공원의 미끄럼틀 위에 올라가 거기서 보이는 특징적인 놀이시설의 명칭을 말하는 정도는 가능할 테지만, 도중에 길이 몇 갈래로 갈라져 있는 곳에서 목적지까지 가는 길을 설명하기란 쉽지 않을 것이다. '막히면 멈춰 서서 생각'하는 힘이 없기 때문이다.

중학생 무렵에 배운 '도형의 증명'을 생각해보기 바란다. 증명이 목표로 하는 결론은 지도 설명에서의 목적지에 해당한다. 결론에 도달하기까지의 대략적인 단계를 찾아내는 것은 지도 설명의 '길 찾기(root finding)'에 해당한다. 그리고 지도 설명에서 도중에 잘못된 길로 접어들지 않고 설명문을 쓰는 것이 논리적으로 빈틈없는 정확한 증명문을 쓰는 것에 해당한다. 이처럼 '도형의 증명'과 '지도 설명'은 매우 흡사한 관계에 있다.

예를 들어 원과 직선의 교차점이 2개 있을 때, 단순히 '교차점'이라고만 말할 수 있는 것은, 다른 하나의 교차점을 선택해도 본질적으로 같은 논의가 가능할 경우에 한해서이다. 그 이외의 경우에는 어느 '교차점'인지를 분명하게 말해야만 한다. 한편 지도 설명에서 역의 개찰구가 2군데 있을 경우, '개찰구를 나와서 왼쪽으로 가라'고만 설명하면, 상대방이 설명과는 다른 개찰구로 나왔을 때는 엉뚱한 방향으로 가게 된다.

IT의 소프트웨어 분야에서 세계를 리드하고 있는 것이 인도의 기술자라는 것은 잘 알려진 사실인데, 그것은 중학생 무렵부터 단련한 '증명력'이 큰 힘을 발휘하기 때문일 것이다. 인도의 수학 교육에서는 설령 증명문제가 아니더라도 증명문제처럼 설명문을 분명하게 쓰지 않으면 마지막 답이 맞아도 크게 감점을 받게 된다. 소프트웨어는 명령문의 논리적인 연결로 이루어져 있다. 인도의 기술자들은 '증명력'을 키울 수 있는 '이상적'인 교육을 받았기에 복잡한 소프트웨어도, 전체적인 구성에서부터 각 부분의 세밀한 명령문에 이르기까지 잘 짜여진 것을 만들 수 있는 것이다.

흔히 뉴스를 통해 "일본에는 우수한 소프트웨어 기술자가 거의 없어서 인도에서 우수한 인재들을 여럿 데려오고 있다"는 말을 들을 수 있다. 그런데 그렇게 된 배경을 분명하게 분석해주는 뉴스가 없다는 것은 참으로 아쉬운 일이다. 심지어 한 보도방송에서는 "일본 학생들의 암산 능력을 더욱 키우지 않으면 인도에게 지고 말 것입니다"라고 당연하다는 듯 말하기도 했다. 이때만은 도저히 참을 수가 없어서 방송국에 전화하여 사실 오인을 지적했다(물론 이름을 밝히고 연락처도 남겼다). 말할 필요도 없이 단순한 '시청자 불만'으로 처리되기는 했지만.

인도와는 전혀 대조적으로 일본 중학교에서의 증명 교육에 관한 실정은 참으로 참담하다. 1960년대와 비교해서 현행(2002년에 개정된 학습지도요강) 중학교 수학교과서의 증명 문제 수는 3분의 1로 줄어버리고 말았다. 심지어는 '증명의 전 과정을 중학생에게 요구하는 것은 너무 안쓰러운 일이며, 시험에 출제해도 점수를 얻지 못할 것이다'라는 식으로 '동정'하여, '삼각형'이네 '평행'이네 하는 단어만을 '구멍 메우기'처럼 빈칸에 쓰게 하는, 참으로 이상한 교육이 중학교에서 행해지고 있다.

이처럼 빈약한 증명교육밖에 받지 못한 젊은이들에게 지도를 설명하는 능력을 요구한다는 것 자체가 애초부터 잘못된 일이며, 기껏해야 지도를 보고 거기에 유명한 역이나 건물 등의 이름을 써넣게 하는 정도가 '최선'일 것이다.

인도의 수학 교육은
무엇이 다른가

곱셈의 암기와
소프트웨어 개발력의 관계

현재 세계에서 인구가 가장 많은 상위 세 나라는 중국, 인도, 미국인데 순서대로 약 13억, 약 12억, 약 3억 명이라고 한다. 그것이 2050년이 되면 인도가 약 15억 명, 중국이 약 14억 명이 될 것이라고 예상했다. 인구 면에서는 인도가 중국을 추월하여 세계 제일이 될 것이라는 예상이다. 또한 일본 경제는 21세기 전반에 GDP에서 인도와 중국에게 추월당할 것이라는 미국 중앙정보국(CIA)의 보고서도 있었다.

세계 소프트웨어 기업에 관한 랭킹을 보면, 상위 100개 사 중 절반 가까이가 인도의 기업이 차지하고 있다. 특히 IT 소프트웨어에 관한 인도 기술자들의 우수성은 예전부터 주목받고 있었다. 그런데 인도인의 소프트웨어 기술이 왜 우수한가 하는 문제에 관해서는 앞서 말한 것처럼 '인도 아이들은 놀랍게도 20×20의 곱셈까지 암기하고 있다. 그렇기 때문에 인도인들은 수학을 잘한다'는 식의 너무도 피상적인 내용밖에 보도하지 않는다. 그것이 어째서 소프트웨어 개발력을 향상시키는 것인가에 대해서는 생각조차 해보지 않는 듯하다.

자릿수가 높은 정수끼리의 곱셈을 암기하면 수학 실력이 향상되는 것일까? 그렇다면 수학자들은 모두 구구단 이상의 곱셈을 아주 많이 외우고 있어야 할 테지만, 사실은 그렇지가 않다. 대부분의 수학자들은 구구단만을 외우고 있을 뿐이다. 게다가 일본이 자랑하는 주판을 배운 덕분에 자릿수가 많은 숫자의 곱셈을 즉석에서 답할 수 있는 재능을 가진 사람들이 일본에는 아주 많다. 그런 사람들은 모두 수학을 잘하며, 뛰어난 소프트웨어를 개발할 능력을 가지고 있는 것일까?

전자계산기가 보급되기 전까지 인도의 아이들은 분명 구구단이 아니라 20까지의 정수끼리의 곱셈을 암기했다. 하지만 전자계산기가 보급된 요즘도 반드시 그렇게 하고 있는 것은 아니다. 그렇다면 인도의 수학 교육은 어떻게 다를까? 조금 더 자세히 살펴보기로 하겠다.

일본의 초등학교에서 고등학교까지의 12년 동안에 해당하는 학교 조직으로, 인도에는 초등학교(5년), 상급초등학교(3년), 중등학교(2년), 상급중등학교(2년)가 있다. 인구가 일본의 약 10배인 것에 비례해서, 일본의 중고생은 총 750만 명이고 인도의 상급초등학교에서 상급중등학교까지의 학생들은 약 7000만 명쯤 된다(《유네스코 연감》).

커리큘럼을 살펴보면, 가령 일본의 중학교 3학년에 해당하는 중등학교 1학년에서 대수(對數)를 가르치는 것처럼 전반적으로 인도가 수준이 높은데 상급중등학교의 지도요강에 해당하는 〈상급중등학교 커리큘럼〉에는 다음과 같이 서술되어 있다.

'인도를 과학 및 과학기술과 중대한 관계가 있는 국가로 간주한다면 수학 교육을 의미있고 창조적인 것으로 만들어야 한다'는 사실을 제일 먼저 밝힌 뒤, '사회과학 및 인문과학에 필요한 수학을 익히게 한다'는 내용도 강조해서 말하고 있다. 문과·이과 양쪽 모두의 학생에게 높은 수준의 수학을 확실하게 학습시키려는 의도를 분명히 알 수 있다.

실제로 일본 고교 수학 교과서에서 일찌감치 자취를 감춘 미분방정식과 일본 대학생이 일반교양으로 학습하는 3행3열 행렬 등도 인도의 상급중학교 교과서에 전부 실려 있다. 또한 통계수학의 **포아송 분포** 등도 참고서에서는 자세히 설명하고 있다.

포아송 분포
(Poisson Distribution)
단위 시간 안에 어떤 사건이 몇 번 발생할 것인지를 표현하는 확률 분포, 즉, 일정한 시간과 공간에서 발생하는 사건의 발생 횟수

미분방정식은 시간과 함께 변화하는 자연현상을 파악하는 데 필수적이다. 또한 3행3열 행렬은

공간도형의 변환을 생각할 때 없어서는 안 된다. 그리고 보험수학에 등장하는 사망률처럼, 드물게 일어나는 현상의 확률을 다룰 때는 포아송 분포가 중요한 역할을 한다.

'계산규칙'을
가르치는 방법

하지만 정말 주목해야 할 부분은 인도 수학 교육이 일본과 비교해 그 수준이 높다는 점이 아니다. '증명력'을 단련시키겠다는 의지가 초등학교에서 대학 입시에까지 일관되게 담겨 있다는 점이다. 일본의 IT 평론가들도 인도의 기술자에 대해 '영어가 가능하고 임금 면에서 우위를 차지하고 있을 뿐만 아니라 수학, 특히 증명교육으로 단련한 문제 해결력과 논리력이 뛰어나다'는 점을 오래 전부터 지적해왔다.

하이테크 분야에서 세계적으로 높은 평가를 받고 있는 인도공과대학(IIT)의 입시 문제집을 보면 2000년도 수학 문제는 16문제 모두 증명문제였다. 객관식 방식 중심으로 문제를 푸는 요령만 학습하고 있는 일본의 수험생들은 손도 대지 못할 문제들뿐이다. 참고로 나도 도전해보았는데, 제한시간 안에 푼 문제는 약 절반쯤이었고 모든 문제를 푸는 데는 제한시간의 거의 2배 가까운 시간이 걸렸다. 하지만 약 20만 명이 응시하여 2500명 정도밖에 합격하지 못하는 엄격함을 생각한다면 어쩔 수 없는 일일지도 모르겠다.

인도공과대학의 입시 문제나 상급중학교에서 시행하는 집합론에 관한 증명(일본에서는 대학교 수학과 수준이다)을 이 책에서 소개하는 것은 적절치 않을 것이다. 여기서는 아주 기본적이라고 생각되는 부분을 소개하기로 하겠다.

	27		27
	×319		×319
	243		243
	27		270
	81		8100
	8613		8613
	일본식		**인도식**

위의 그림처럼 일본에서는 세로로 곱하기를 할 때 십의 자리, 백의 자리, 천의 자리로 옮아감에 따라서 답의 뒷부분을 왼쪽으로 한 자리, 왼쪽으로 두 자리, 왼쪽으로 세 자리씩 비워나간다. 모두가 당연히 여기며 그렇게 하고 있을 것이라 생각되는데 이는 순서대로 하나의 0, 두 개의 0, 세 개의 0을 생략한 형식이다. 하지만 인도의 교과서에는 이들 0이 생략되지 않고 빠짐없이 적혀 있다.

왜 이런 쓸데없는 짓을 하냐고 묻는 사람이 있을지도 모르겠다. 틀림없이 처음부터 0을 생략하는 편이 계산은 (아주 조금이기는 하나) 빠를 것이다. 하지만 0을 생략하지 않는 형태로 배움으로써 쓰기 계산의 원리를 더욱 쉽게 이해할 수 있게 된다. 나는 초등학생 시절 왜 한 자릿수씩 왼쪽으로 미는지 그 의미를 이해할 수가 없어서 어려움을 겪었던 사실을 지금도 잊을 수가 없다.

인도의 교과서에서 사례를 조금 더 소개해 보겠다.

$$2+4\times7-6\div3=2+28-2=28$$

위의 계산에서 곱셈과 나눗셈은 덧셈이나 뺄셈보다 먼저 계산한다. 이 규칙을 설명함에 있어서, 일본에서는 A5 교과서의 단 2페이지만을 할애하여 그 방법만을 가르치는 데 그치고 있다. 반면 인도의 교과서에서는 A4판 교과서의 3페이지를 사용하여 2개의 계산 예에 대해 계산규칙을 무시하면 어떤 결과가 일어나는지를 각각 3가지 방법으로 설명한다. 예를 들어 앞선 식에서 '2+4'를 먼저 계산해버리는 다음과 같은 식으로 말이다.

$$2+4\times7-6\div3=42-6\div3=12$$

당연히 다른(틀린) 답이 나오게 되는데, 그것을 바탕으로 '계산 규칙'의 필요성을 설명하고 그것을 도입하는 것이다.

삼각형의 내각의 합이 180도라는 사실을 설명하는 부분에서는, 삼각형의 세 꼭짓점 부근을 잘라내어 그것들의 꼭짓점을 같은 점에 겹치도록 늘어놓으면 평각(180도)이 된다는 사실을 보여준다. 일본 교과서에서는 그것을 하나의 삼각형에 대해서만 보여줄 뿐 그에 대한 자세한 설명문도 없다. 인도의 수학 교과서에서는 그것을 4개의 삼각형에 대해 보여주며, 자세한 설명문도 덧붙여 놓았다.

어쨌든 이것만 살펴봐도 인도의 수학 교육이 '증명력'의 전 단계로서의 '시행착오', 그리고 '증명력'의 다음 단계로서의 '설명문'을 중시하고 있다는 사실을 엿볼 수 있다.

앞에서 '분수로 나눌 때는 분자와 분모를 바꾸어 곱하면 된다'고 무조건 암기시켜서는 안 된다고 썼다. 그렇다면 어떻게 가르치는 것이 좋을까? 그 대답은 반드시 '시행착오'를 거치라고 말하고 싶다.

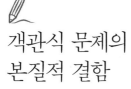

객관식 문제의
본질적 결함

'꼼수'가 통하는
입시 문제

　　　　　　"초등학교에서 고등학교까지의 교육을
아무리 개혁해 봐야 대학 입시가 바뀌지 않는 한 아무 소용없
다"는 말이 있다. 틀림없이 그런 면이 있다.

　국어 시험에는 '다음 글을 읽고 작가의 의도는 무엇인지 아래
의 가, 나, 다, 라 중에서 골라 그 기호에 체크하시오'라는 문제가
자주 나온다. 그런데 실제로 예시문의 원저자가 그 문제를 풀어
보면 출제자가 준비한 답과 전혀 다른 경우가 종종 있다. 최근에
는 이와 같은 '사태'를 피하기 위해 이미 고인이 된 작가의 작품
에서만 예시문을 뽑게 되었다는 말을 들었다. 본질적인 해결책
과는 거리가 먼 듯하지만, 국어뿐만 아니라 모든 교과의 시험에

서 객관식 문제에는 검토해야 할 과제가 있을 것이다. 물론 수학도 마찬가지다.

나도 오랜 동안 입시에서 수학의 객관식 문제를 검토하는 일을 종종 담당해왔다. 그 과정에서 내용적으로는 좋은 문제인데 객관식 형식으로 출제를 한 탓에 위험한 측면을 갖게 된 문제를 꽤나 발견하곤 했다. 따라서 수학의 객관식 문제에 관해서는 단점과 문제점을 아주 잘 알고 있다.

몇 년 전, 당시 교육계 대학원생이었던 호즈미 유키 씨와 함께 대학 입시에 한정하여 수학의 객관식 문제를 조사한 적이 있었다. 그 결과 막연하게 인식하고 있던 단점과 문제점이 분명하게 떠올랐다.

조사 결과를 〈수학교육 학회지〉에 발표했는데 그 외의 결과까지 포함해서 각 신문에서 내용을 다루기도 했다. 하지만 우리의 의도와는 달리 '꼼수'에만 이목이 집중되었다. '수학 객관식 문제를 푸는 비법'과 같은 책의 출판 의뢰까지 들어올 정도여서 나는 한동안 그런 종류의 문제와는 거리를 두고 있었다. 그때 발표한 요점을 정리해 보면 다음과 같다.

(가) θ가 각도인 경우 '$\theta/\square$', '$\square\theta$' 등의 $\square$에 들어갈 정답은 2가 대부분이며, 거듭제곱근을 나타내는 기호 $\sqrt{\ }$ 속에 한 자릿수 정수를 넣는 문제에서는 3이 압도적으로 많다. 또한 4지 선택

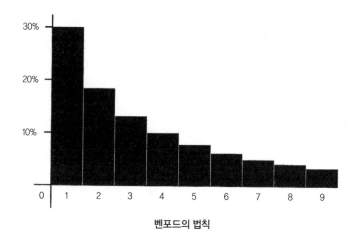

벤포드의 법칙

문제나 5지 선택 문제에서는 3번이 정답인 경우가 많다는 등의 커다란 쏠림이 있다.

(나) 해답에 이르는 설명은 불가능하다 할지라도 답만은 직관적으로 바로 알 수 있는 문제들이 있다.

(다) 두 자릿수나 세 자릿수의 숫자를 이끌어내는 문제에서 정답의 가장 윗자리(가장 앞에 오는 자릿수. 예를 들어 170㎝의 가장 윗자리 수는 1이며, 32쪽의 가장 윗자리 수는 3)에 들어가는 숫자의 약 40%가 1이다. 다시 말해서 '여러 가지 통계 데이터의 가장 윗자리에 오는 숫자가 1이 되는 비율이 약 30%로 가장 많고 2, 3, 4…… 로 올라갈수록 그 비율도 줄어든다'(정확히 말해서 가장 윗자리가 n이 될 비율은 10을 밑으로 하는 $\log(1+1/n)$)라는 '벤포드의 법칙'이 분명하게 나타난다.

(라) 'k의 값에 상관없이'라는 식으로 문자 변수를 사용하여 일반화한 문제에서는 k에 구체적인 수치를 대입해보면 답을 쉽게 알 수 있다.

위의 (가) (나) (다) (라) 중에서 신문이나 텔레비전 등에서 다룬 것은 (가)와 (다)였다. 4지 선택이나 5지 선택 문제에서 출제자가 정답을 세 번째에 자주 두는 것은 일반적으로도 인식되어 있는데, 예를 들어 사람들이 특급열차의 자유석에 가장 먼저 앉는 곳도 끝에서 3번째 줄이라고 한다. 참고로 '벤포드의 법칙'은 1930년대에 물리학자인 벤포드가 발견한 것인데 수학적으로 증명된 것은 1990년대에 들어서이다.

'꼼수'라는 입장에서 보면 (가)와 (다)는 틀림없이 흥미를 끄는 결과일 것이다. 하지만 교육적으로 중요한 것은 (나)와 (라)이다.

(나)에 관해서는 '설명'의 중요성에 대해 이의를 제기할 사람은 거의 없을 것이다. 직관적으로 답을 알았다 할지라도 거기에 이르는 과정을 분명히 설명하지 못한다면 응용력은 향상되지 않는다. 직관력도 물론 중요하지만 그것만으로는 도움이 되지 않는다. 스스로 문제에 매달렸다가 직관으로 답을 알았다고 해서 그것으로 만족할 사람은 아무도 없을 것이다.

여기서 문제가 되는 것은 (라)의 경우다. '일반론의 전개'라는 의미에서 본질적으로 중요한 문제를 포함하고 있기 때문이다.

'일반화'가
어째서 중요한가

'문자 변수에 구체적인 수치를 대입하면 답을 알 수 있다'는 사실을 쉬운 예로 설명해보겠다. 예를 들어,

$$(k-1)^3 - 3(k-1) + 1$$

을 계산하라는 문제가 있고 해답군은 다음의 (가), (나), (다), (라) 라고 하자.

(가) 3

(나) $k^3 + 1$

(다) $k^3 - 3k^2 + 3$

(라) $k - 1$

이때 보통은 $(k-1)^3$을 전개하여 문자 계산을 한다. 하지만 k에 1을 대입하면 문제의 식에서 0-0+1=1이 나온다. 그리고 (가), (나), (다), (라)에 각각 k=1을 대입하면 순서대로 3, 2, 1, 0이 나온다. 따라서 답은 (다)가 되는 셈이다.

위의 예는 단순한 문자계산이기 때문에 그리 놀라지 않을지도 모르겠으나 약간 어려운 일반론을 전개하는 문제를 객관식 형식으로 하면 출제자의 의도와는 전혀 달리 '풀지 못하는데 풀어버리는' 해법이 똑같이 나타나게 된다.

그렇다면 문자 변수를 사용하여 일반화한 문제를 출제하지 않으면 되지 않느냐고 생각할지도 모르겠다. 하지만 '일반화'라는 개념은 매우 중요하다. 포물선을 예로 들어보겠다.

2차 함수는 포물선이며, 반대로 포물선은 2차 함수로 나타낼 수 있다. 하지만 그것을 모르는 사람에게 '$y=5x^2+4x+1$'의 그래프를 그려서 보여주었을 때, '이 그래프는 우연히 포물선이 된 것일지도 모른다. x^2의 계수를 5가 아닌 6으로 하거나, x의 계수를 4가 아닌 3으로 하면 포물선이 아닌 다른 곡선이 될지도 모른다'고 생각한다 해도 이상할 것은 없다. 따라서 포물선 전체를 종합해서 논의할 때는 '$y=ax^2+bx+c$'($a \neq 0$)을 이용하는 것이 적절하다.

포물선만이 아니다. 수학이나 수식을 자주 사용하는 물리학이나 경제학만의 이야기도 아니다. 무릇 모든 일의 본질을 탐구할 때는 '일반론'의 전개가 반드시 필요한 법이다. 예를 들어 '생물과 언어'라는 주제를 생각할 때, 인간과 그 이외의 동물로 나누어 일반론을 전개하는 것이 자연스럽지, 개인의 이름과 개의 종류를 예로 드는 것은 적절치 못하다. 또한 육아의 역할을 생각할 때도 특수한 사정이 있지 않는 한 여성으로서의 어머니와 남성으로서의 아버지로 일반론을 전개하는 것이 일반적이다.

사실 문자 변수를 사용한 수학 문제는, 그와 같은 일반론의 전개에 관한 좋은 훈련이 된다. 하지만 객관식 문제로 출제를 할 때 해답군에도 문자 변수가 있으면 앞에서 말한 것 같은 꼼수를 써서 풀 수도 있기 때문에 그것을 방지하기 위해서 해답군에 구체적인 수치를 사용하는 경우가 많아졌고, 그로 인해서 일반론을 전개하는 능력을 파악하기가 매우 어려워져버린 것이다.

'일반론'과
구체적 사실과의 간격

2004년 5월 도호쿠 대학의 입시에 관한 주목할 만한 보고가 있었다. 계산력이 있으면 높은 점수를 받을 수 있는 센터 입시(한국의 수능에 해당 _ 옮긴이)의 결과와, 논리적으로 깊이 생각하는 능력을 평가하는 2차 시험의 결과를 비교해보니, 외국어 시험과는 달리 수학에서는 센터 입시와 2차 시험의 상관관계가 매우 약하다는 것이었다. 당연한 결과일 것이다.

'논리적으로 생각하는 능력은 2차 시험에서 평가하면 되지 않는가'라거나, '이과라면 몰라도 문과는 계산력을 평가하는 센터 입시만으로도 충분하지 않은가'라는 등의 반론이 있을 법도 하다.

그렇지 않다. '일반론'과 '개별론'을 다루는 데 있어서는 이과, 문과의 구분이 없다. 이야기의 범위가 약간 커지기는 하지만 현재 일본 사회의 중요한 과제를 예로 들어 일반론 전개의 의의에 대해 생각해보기로 하겠다.

오늘날의 일본 사회를 돌아보면, 연봉이 10억 정도 되는 외국 자본계 회사의 사원이 화제가 되고 있는 한편, 비정규직 저소득자가 증가하여 중장년을 중심으로 자살하는 사람들이 해마다 3만 명 이상이라고 한다. 연간 매출액이 세계 제8위가 된 자동차 회사가 있는 반면, 무너지지 않을 것 같았던 유명 기업들이 차례차례 부도 처리되고 있기도 하다. 대학도 국립대학의 독립 법인화 이후 '살아남기' 위한 투쟁이 본격적으로 시작된 느낌이다.

이런 현상은 통상 '양극화'라는 말 한마디로 표현된다. 자본주의의 법칙에 따라 양극화가 진행되고 있다는 말이다. 이미 양극화가 정착되었다고 일컬어지는 일부의 서구 사회와 비교해서 일본 사회에 커다란 혼란이 일어난 것만은 틀림없는 사실이다. 이 혼란의 본질을 꿰뚫어보는 것은 중요한 일이다. 한 개인, 한 기업, 한 대학만을 논해서는 해명할 수 있는 문제가 아닌 것만은 틀림없는 사실이지만, 그렇다고 해서 '양극화'라는 일반론만으로 이런 문제들을 파악할 수 있을까?

개인적으로는 참된 '개성 존중'이라는 입장에서 '양극화'가 아니라 '다극화'가 바람직하다고 생각한다. 그런데 현재 널리 사용되고 있는 '양극화'라는 말 속에는 '약육강식화'라는 의미가 다분히 내포되어 있는 것처럼 생각된다. 게다가 규칙과 도덕을 무시하고 양극화가 진행되고 있는 면도 있어서, 불건전한 만남을 주선해주는 사이트나 이상한 상품의 옥션으로 '성공한 기업'에 드는 IT관련 회사도 있는가 하면 과장된 홍보전략을 교육 분야 에까지 도입하여 '성공한 기업'에 들어간 교육관련 단체 등도 나 타나고 있다.

지금의 '양극화'에 의한 혼란의 본질을 한마디로 표현하면, 수렵사회의 규칙과 도덕에 의해 확립된 시스템을 농경사회에 그대로 급격하게 적용하려는 점에 있다고나 할까?

이상의 논의에 대한 옳고 그름을 떠나서 '일반론'과 개별적이고 구체적인 현상 사이를 오가며 생각하는 훈련은 우리 모두에게 필요하다. 구체적인 한 현상만을 '대입'하여 일반론화 하는 것도 위험한 일이며, 공식이나 '계산 규칙'을 그대로 받아들여 '처리능력'만을 끌어올리는 것도 옳은 일은 아니다.

객관식 형식의 설문이 시간, 비용, 정확성 등에 있어서 매우 긍정적인 면을 가지고 있는 것 역시 사실이다. 하지만 그것의 부정적인 면에도 눈을 돌려야 하지 않을까? 논리적으로 깊이 생각 하는 훈련을 충분히 받지 못한 인재만을 길러서는 그 대학뿐만 아니라 나아가서는 사회 전체가 어려움을 겪게 될 것이기 때문 이다.

이과·수학 과목을
기피하는 이유

'문과에 과학과 수학은
필요 없다'는 미신

1998년 7월 전미과학재단이 발표한 '과학지식 국제 비교'를 살펴보면 일본은 선진 14개 국 중에서 크게 뒤처진 13위였다. 또한 내각부(內閣府)가 1990년 1월과 1995년 2월에 실시한 '과학기술과 사회에 관한 여론조사' 결과에 의하면 5년 동안 50대와 60대의 과학지식에 대한 무관심층은 줄어든 반면, 30대 이하의 무관심층은 눈에 띄게 늘었다는 사실을 분명히 알 수 있다. 그리고 2004년 4월에 발표한 같은 여론조사에 의하면 이러한 경향이 한층 더 심해졌다는 사실을 알 수 있다.

'문과 진학자에게 자연과학과 수학은 필요 없다'는 등의 주장하에, 주로 이과 과목과 수학 시간 축소를 목적으로 한 '유토리교육'(2002년부터 일본의 공교육에 본격적으로 도입된 교육 방침으로, 여유 있는 교육이라는 뜻 _ 옮긴이) 노선은 사실 1980년 초의 학습지도요강 개정기부터 계속되어왔다. 그런 영향을 직접적으로 받은 세대가 이과와 수학에 등을 돌렸다는 사실이 내각부의 조사 결과에 분명히 드러나고 있는 것이다.

한편 '경제물리학(econophysics)'이라는 분야가 정착되고 있는 것처럼 경제와 물리를 융합시킨 연구가 주목받고 있다. 직접적으로는 금융공학의 발전이 큰 계기가 된 것이라 생각된다. 1980년대 후반부터 본격적으로 자리 잡기 시작한 금융 파생상품 거래에, 외국의 유력 헤지펀드는 냉전시대에 대륙간 탄도 미사일의 궤도 등을 계산하던 수학·자연과학 전문가를 다수 기용하여 일정 기간에 어느 정도의 자금으로 통화와 주식을 매입하면(혹은 매도하면) 어느 정도까지 가격이 상승(하락)하는지를 미분방정식 등을 이용해 매우 정확하게 예측해왔다.

이러한 한 가지 예만 놓고 보아도 '문과생에게 이과와 수학은 필요 없다'는 생각은 국력을 깎아먹는 '미신'이라고 할 수 있을 것이다. 일부 이공계·수학계의 수재만으로 세계 금융공학의 변화에 대응할 수는 없기 때문이다.

이러한 '미신'이 만연한 원인으로는, '관료적 행정'이 교육계에까지 영향을 주고 있다는 사실을 지적하지 않을 수 없다.

우선 높은 위치에 서서 '미래 일본을 위해 어떤 교과의, 어떤 학습법이 필요한가'하는 중요한 논의를 행하는 경우가 거의 없다. 그리고 일본의 교육행정은 각 교과의 영역다툼에서 시작되는 경향이 강하다. 따라서 '커리큘럼 개정에는 정치력이 영향을 미친다'는 말이 일각에서 일고 있다.

1994년도의 학습지도요강 개정 때, '고등학교에서 여자는 가정 과목이 필수이니 남자도 필수로 하는 것이 어떻겠는가? 그리고 각 교과 평등정신에 입각하여 고교 가정 과목의 필수 단위 수를 수학의 그것에 맞춰야 한다'는 '의견'이 그대로 통과되었다고 한다. '남자는 가정 과목이 선택이니, 여자도 선택으로 하는 것이 옳지 않겠는가?'라는 의견이 나올 법도 한데, 적어도 표면상으로는 나오지 않은 모양이다. 당시에 '과학기술입국'이네, '소프트웨어 사회의 도래'네 하는 등의 외침이 있었음에도 '고도성장기 때처럼 고등학교 1학년과 2학년은 전원 수학을 필수로 해야 한다'는 주장은 나오지 않았다.

이렇게 되면 필연적으로 각 교과 간의 울타리가 높아지게 된다. 각 교과가 각각의 울타리 안에 갇혀버리게 되면 다른 교과의 내용을 인용하거나 융합시켜 흥미를 끌게 하고, 이해를 돕는 교육이 불가능해져버리게 된다. 이는 심각한 사태라 하지 않을 수 없다.

예를 들어 뉴턴역학은 미분적분과 끊으려야 끊을 수 없는 관계에 있으나 일본의 고등학교 물리 교과서에는 미분적분학을 인용한 설명이 없다. 이는 생선초밥집에서 '초밥'을 주문했더니 '바다'에서 온 회와 '논'에서 온 쌀을 각각 다른 접시에 담아 준 것과 다를 바 없을 정도로 우스운 이야기다.

이과·수학 교육이 '재미없는 이유'

'관료적 행정' 현상은 고등학교 수학의 커리큘럼 안에서조차 일어나고 있다. 교과서에서는 '확률'과 '무한등비급수'를 완전히 별개로 서술하고 있는데, 그러나 좀 더 흥미롭게 설명할 수가 있다.

예를 들어 셋이 씨름을 해서 한 사람이 두 사람 모두에게 이길 때까지 승부를 겨루는 상황을 생각해보기로 하겠다. 실력이 같은 세 사람이 겨룰 경우, 처음에 싸우는 두 사람이 유리해지게 되는데 이는 확률과 무한등비급수를 융합하면, '세 사람의 실력이 같을 때, 처음 두 사람의 승리 확률은 $\frac{5}{14}$가 되고 나머지 한 사람의 승리확률은 $\frac{4}{14}$가 된다'는 사실을 이끌어낼 수가 있다. 또한 배드민턴과 같은 사이드아웃제(서브권이 있을 때만 득점)와 비교해서 실력의 차이가 분명히 드러난다는 사실도 같은 방법으로 수치화해서 나타낼 수 있다.

그러나 관료적 행정에 의한 각 교과별 교육에서는 이처럼 재미있는 주제로 서술할 수가 없다는 게 안타깝다.

수학적 사고방식과 과학적 현상에는, 사회문제나 인간 개인의 문제를 생각하거나 설명하는 데 필요한 여러 가지 힌트가 넘쳐나고 있다. '수학 포기'와 과학·수학의 '학력 저하' 역시 관료적 교육행정으로는 해결되지 않는다.

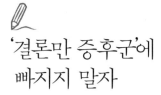

'결론만 증후군'에
빠지지 말자

'짜증난다' '웃기다'밖에
말할 줄 모르는 젊은이들

이라크전쟁 발발 당시 "미국의 이라크
전 개전을 적극 지지한다"는 말만 되풀이하던 일본 총리의 모습
이 아직도 눈에 선하다. 같은 입장이었던 당시 영국 총리가 의회
에서 오랜 시간 동안 설명한 모습과는 너무나도 대조적이었다.

일본과 미국에서 의사로 일한 경험이 있는 사람들은 '일본의
의사는 치료방법에 대한 설명을 별로 하지 않지만, 미국의 의사
들은 자세히 설명한다'고 느낀다.

일본의 선거운동, 특히 지방의회 선거는 몇 십 년이 지나도
스피커로 후보자 이름을 연호하는 것이 대부분이어서 후보자
가 어떤 사고방식을 가지고 있는지도 모르는 채로 투표일을 맞

이하는 경우가 많다. 이래서는 안 되겠다 싶어서 선거공보를 읽어보기도 하지만 형식적인 '공약'만이 항목 별로 나열되어 있을 뿐, 후보자의 사고방식까지는 알 수가 없다.

인도의 수학시험 답안에서는 설령 증명문제가 아니라 할지라도 중간 설명을 제대로 서술하지 못하면 ○를 받을 수 없다. 하지만 일본에서는 중간 설명을 적당히 서술해도 답만 맞으면 ○나 △를 받는 경우가 많다. 실제로 채점 시간을 절약하기 위해서 서술식 수학의 답안이라 할지라도 마지막 답에만 ○나 ×를 매기고 마는 교사들도 적지 않다. 앞에서도 말한 것처럼 전체를 서술해야만 비로소 의미를 갖게 되는 증명문제에 대한 교육조차, 그저 빈 칸을 메우게 하는 식의 지도법이 만연해 있다.

이 같은 예는 일일이 열거할 수도 없을 정도인데 마치 '결론만 증후군'에 빠진 것처럼 보인다. 사회 전반적으로 얘기하는 사람도 그렇지만, 듣는 사람도 '결론만' 원하는 사람이 대부분인 듯하다.

나는 가끔 낯선 분으로부터 편지를 받을 때가 있는데, 대부분은 격려하는 내용이지만, 때로는 약간 난처하게 만드는 내용도 있다.

나의 저서 《비즈니스 수학 입문》에 '회귀직선'에 대해 소개한 부분이 있다. 1990년부터 1998년까지의 남녀 평균 초혼 연령에 관한 데이터(후생성 '인구동향 통계')를 이용하여 '2017년 무렵이면 남녀의 평균 초혼 연령의 차이는 제로(0)가 될 것이다'라는 예측을 이끌어냈다. 그 부분에 대해서 어느 독자로부터 '남성과 여성의 심리 특성상, 평균 초혼 연령의 차이가 0이 되는 경우는 환경호르몬에 의해 인류가 변화하지 않는 한 있을 수 없는 일이다. 그 부분은 정정하는 편이 좋을 것이다'라는 지적을 받은 것이다. 하지만 후생성 '인구동향 통계'의 1990년~1998년까지의 데이터를 '가정'하고, 회귀직선이라는 추론 도구를 이용하여 '2017년 무렵이면 남녀의 평균 초혼 연령의 차는 0이 된다'는 '결론'을 이끌어냈다는 사실 자체에 정정해야 할 부분은 어디에도 없다. 그분의 친절한 마음에는 감사를 드리지만, 수학적 사고방식이라는 것을 전혀 이해하지 못하고 계신 듯하다.

　"세상은 수학의 세계와는 달라서 1+1이 2가 되지 않는 경우도 많다"는 표현을 종종 듣는다. 이렇게 말하는 사람은 "1+1=2는 절대 분명한 이치지만, 세상은 모순투성이다"라고 말하고 싶은 것이리라. 하지만 10진수의 세계에서는 '1+1=2'지만, 2진수의 세계에서 '1+1=10', 불대수(Boole 代數)라는 세계에서는 '1+1=1', 2의 체의 표수 세계에서는 '1+1=0'이 되는 것처럼 '가정'인 '세계'가 다르면 '결론'도 달라진다. 참고로 10진수 이하에 든 세계는 순서대로 계산기, 회로, 부호이론 등에서 중요한 역할을 하고 있다.

> **불대수(Boole 代數)**
> 논리적 사고 과정을 수학적인 방정식으로 처리하는 학문. 영국의 불(Boole, G.)이 창안했다. 논리대수라고도 한다.

요즘 '짜증난다'와 '웃기다'는 말밖에 할 줄 모르는 젊은이들 때문에 걱정이라고 말하는 사람들이 많다. 틀림없이 그렇기는 하다. 하지만 텔레비전을 켜면 소위 지식인이라는 사람들이 가정이 다른데도 결론만 놓고 언쟁을 벌이는 토론 방송, 혹은 근거는 말하지 않고 어림짐작으로 결론만을 늘어놓는 평론가들의 코멘트 등도 종종 볼 수 있다. '짜증난다'와 '웃기다'는 말만 주로 쓰는 젊은이들을 비판하기에 앞서, 어른들 역시 말을 그럴 듯하게 꾸밀 줄만 알았지 '결론만'이라는 면에 있어서는 오십보백보다.

국제화 시대이니 '결론만 증후군'은 한시라도 빨리 고칠 필요가 있다. 왜냐하면 국제화의 본질은 "서로 다른 환경에서 성장한 사람들이 자신의 입장인 '가정'과 거기서 도출된 '결론'을 분명히 하여 다른 입장에 있는 사람들과 공통 인식을 갖고자 노력하는 것"이기 때문이다.

자신의 의견을 이야기할 때나, 타인의 얘기를 들을 때 '결론만 증후군'에 빠지지는 않았는지 세심히 주의를 기울였으면 하는 바람이다.

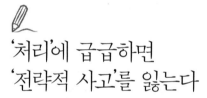

'처리'에 급급하면
'전략적 사고'를 잃는다

기묘한 수식을 쓰는
대학생

30~40년 전에 자동차 운전면허증을 딴 사람들은 운행 중에 자동차가 멈추는 등 아찔한 고장을 경험했기에 브레이크, 엔진오일, 변속기 등의 구조에 대해 상당히 자세하게 이해하고 있다. 계산기에 관해서도, 예전에 포트란(Fortran)이나 베이직(Basic) 언어를 사용해 스스로 프로그램을 짜본 적이 있는 사람들은 소프트웨어를 이용할 때의 고장에 대처할 수 있다.

다른 분야에서도 마찬가지지만, 편리해지면 주로 사용법에만 시선이 쏠리기 때문에 구조를 이해하는 데는 그다지 신경을 쓰지 않게 된다. 따라서 필연적으로 비용이나 시간과 같은 '처리능력'에만 주로 관심을 갖게 된다.

단지 기계에 대해서만 그런다면 상관없을 테지만 여러 가지 '학습'이나 '과제'까지도 '처리'의 대상으로 삼는 경향이 있다는 것이 문제다. 실제로 수학문제 해법에 관해 학생들은 약간의 수식만을 적당히 서술해놓으면 된다고 생각하고 있다. 게다가 최근에는 빈칸을 채우는 방식의 시험문제가 많아진 탓인지 간단한 수식조차 제대로 서술하지 않아도 된다고 생각하는 학생들이 늘어난 듯하다.

나는 8개 대학에서 문과·이과 합쳐서 한 해 1만2000명 정도의 학생들을 지도해왔다. 그 경험을 바탕으로 하는 말인데, 등호의 좌변이 '숫자'이고 우변이 '집합'인 수식이나, '$4x=6=2x=3$' 등과 같은 수식을 아무렇지도 않게 써놓고 다시 살펴보게 해도 잘못을 발견하지 못하는, 논리적으로 결함이 있다고밖에 말할 수 없는 학생들이 해마다 늘고 있다. 그들의 공통점은, 지나치게 서두른 나머지 수식을 적당히 쓰는 나쁜 버릇이 어렸을 때부터 몸에 배어버려 대학생이 된 뒤 고치는 데 큰 어려움을 겪고 있다는 점이다.

"선생님의 증명은 정말 훌륭합니다. 어떻게 그런 생각을 할 수 있는지 가르쳐 주십시오"라는 이상한 질문을 하는 학생도 종종 있다. 증명에조차 '처음부터 방법이 있을 것'이라 생각하고 묻는, 참으로 사람을 난처하게 만드는 질문이다. 처음에는 기가 막혀서 말도 나오지 않았으나 요즘에는 "증명을 생각하는 데 방법은 없습니다. 여러 가지로 시행착오를 겪다보면 무엇인가를 계기로 생각이 떠오르는 법입니다"라고 대답한다. 어쨌든 증명문제를 생각하는 것조차 그저 형식적인 '처리'의 대상이 되어버린 듯한 느낌이 들어 안타까운 마음을 금할 수 없다.

그와 밀접한 관계가 있는 말이지만, 예전에는 몇 시간이고 끈질기게 도전하던 교육 완구나, 쉽게 풀 수 있는 퍼즐 문제에 대해서도 심드렁한 반응을 보이는 학생들이 해마다 늘어나고 있다. 시행착오를 겪어가며 생각하는 즐거움을 맛보게 해주려고 출제를 하고 있는데, 그런 나의 마음이 전달되기는커녕 시작하기도 전부터 "선생님, 이거 어떻게 완성하는 겁니까?"라고 질문하는 경우조차 종종 있다.

'처리능력'에만
급급한 악순환

문제 풀이나 과제 해결은 우선 거기에 '매달리는 것'이 중요하지 '처리'가 중요한 게 아니다. 사회로 눈을 돌려보면 '과제를 해결하는 것' 이상으로 의미 있는 과제를 찾아내는 것이 더 중요하다. 그런데 요즘에는 살벌할 정도로 바쁜 세상이 된 탓인지, 시간이 걸리더라도 시행착오를 겪어가며 과제에 매달리는 사람이나 이런저런 궁리 끝에 재미있는 과제를 발견해내는 창의적인 인재를 평가할 여유가 사회 전체에서 사라져버린 듯한 느낌이다. 무슨 컴퓨터도 아닌데 인간에게까지 '처리능력 향상'만을 요구하는 사회가 되어버린 것은 아닐지.

과거의 걸출한 사람들을 보아도 인생에 약간의 탈선이 있었던 사람들이 창의적인 인재로 성장하는 법이다. 어렵지만 가치 있는 과제를 해결하려 할 때 대부분은 실패의 연속에서 시작하는 법이다. 그때 무엇보다 필요한 것은 '반드시 할 수 있다'고 끝까지 믿는 마음이다. 일반적으로 '수학자들은 합리적으로 생각하기 때문에 무엇인가를 믿는 마음은 부족하지 않을까?'라고 생각하는 듯하지만 사실은 '믿는 마음'이 매우 강하다. 팀을 짜서 연구를 해나가는 경우가 많은 이공계와는 달리 수학은 고독하게 생각을 거듭해나가는 경우가 대부분이다. 바로 그렇기 때문에 '나는 틀림없이 이 과제를 해결할 수 있다'고 굳게 믿고 도전하게 되는 것이다.

하루하루의 '처리'에 쫓겨서 '처리능력'에만 신경을 쓰다보면 자신을 믿고 어려운 과제에 도전해보려는 마음의 여유를 갖지 못하게 된다. 그리고 '처리능력'에 더욱 신경을 쓰고 마는 악순환을 거듭하게 된다. 어렸을 때부터 조건반사적으로 문제를 차례차례 '처리'해나가는 학습을 거듭해오면서 시험에 대비해왔기에 그런 악순환에 빠져서 끈질기게 생각하기를 싫어하는 학생이 된 것이리라.

이러한 유형의 학생은 '시험에 출제될 것 같은 문제'의 해법을, 그 의미도 잘 이해하지 못한 채 '암기'로 뛰어넘으려 한다. '방법'의 의미도 이해하지 못한 채 그런 훈련만 반복한 사람은 문제를 약간 변형시키기만 해도 풀 엄두조차 내지 못한다. 다시 말해서 응용력이 완전히 떨어져버리는 것이다.

최근 바둑계에서도 같은 견해가 있다는 사실을 알게 되었다. 요다 노리모토(依田紀基) 명인이 《정석의 원점》이라는 책에서 다음과 같이 말했다. "정석을 외우면 2수 약해진다"는 격언은 정석의 수순을 그대로 외워버리는 것의 부정적인 면을 말한 것으로, 정석을 공부할 때는 그 원점을 분명히 '이해'해야 한다. 정석의 원점을 이해하면 어떠한 변화에도 대체로 문제없이 대응할 수 있게 된다.

아이가 열이 나기 시작하면 "매일 밤늦게까지 안 자고 놀기 때문에 열이 나는 거야"라고 말하는 어머니처럼, 혹은 평균 주가가 폭락한 뒤 "최근 주식시장의 펀더멘털이 좋지 않았기에 조만간 폭락할 것이라 생각하고 있었다"고 말하는 주식 평론가처럼, 일이 일어난 뒤에 마치 전부터 그렇게 될 것이라고 알고 있었다는 듯 설명하는 방법을 '결과론적 사고'라고 한다.

한편 등산 전에 등정 루트를 신중하게 검토하거나, 체스에서 상대방의 왕을 어떤 식으로 몰아붙일지를 생각하는 것처럼 목표를 향해 여러 가지 상황을 생각하고 계획을 세워나가는 방법을 '전략적 사고'라고 한다. 전자에는 별 어려움이 없지만, 후자에는 어려움이 많다.

따라서 '처리'에만 급급한 나날을 보내면 아무래도 전략적 사고를 잊고 결과론적 사고에 빠지게 되는 법이다. 인생에 있어서 진짜 도움이 되는 것은 '전략적 사고'이며, 결과론적 사고는 기껏해야 위안을 주는 정도밖에 되지 않는다. 아무리 바빠도 평소부터 전략적 사고에 신경을 써야 하는 이유이다.

2장

'시행착오'라는 사고법

풀지 못한다 해도
생각하는 것이 중요하다

아이들에게
수학을 가르치는 요령

나는 대학, 대학원생 시절에 가정교사로 꽤 많은 아이들에게 수학을 가르쳐 의대 합격생을 비롯해 상당한 성과를 거두기도 했었다. 모교인 게이오기주쿠(慶応義塾) 고등학교의 학생 중에 수학 성적이 'D'(이 성적이 몇 번인가 계속되면 진급이 불가능한 최저 등급)였던 고교생을 열 명 넘게 가르쳐봤는데, 모두가 몇 개월 만에 'B' 혹은 'A'를 받게 되었다. 수학을 싫어하는 여학생들도 가르쳐봤는데 모두 수학을 좋아하게 되었으며 그 중에는 대학의 수학과에 진학한 학생도 있다.

하지만 가끔 실패를 하는 경우도 있었는데 거기에는 분명한 공통점이 있다. 부모가 아이를 매일 여러 가지 학원에 다니게 해서, 수학 시간이 되면 늘 지친 상태가 되는 경우였다.

수학 가정교사로 성공하는 비결에는 여러 가지가 있을 것이다. 아이가 어떤 부분을 모르는지 순간적으로 꿰뚫어볼 수 있는 질문을 할 것, 소심한 아이는 적극적으로 칭찬을 해서 자신감을 갖게 할 것, 반대로 '그런 것도 모르냐?'는 식의 내색조차 하지 말 것, 목적에 이르기까지 긴 설명이 필요한 사항에 대해서는 목적과 그 사항을 어디에 응용할 수 있는지를 먼저 보여줄 것 등 여러 가지가 있다. 하지만 가장 중요한 것은 '방법을 일방적으로 설명하기만 해서는 안 되며, 가능한 한 시간을 주며 아이 자신이 생각하도록 해야 한다'는 점이다.

분명히 말해두고 싶은 것은, 처음부터 방법을 외워 흉내 내기만 하면 어차피 그런 유형의 문제만을 '점(点)'으로 습득하게 될 뿐이라는 사실이다. 수학을 어려워하는 중고생들은 시험 전날 예상 문제의 해답만을 벼락치기로 외우는 경우가 많은데, 출제 형식을 아주 조금만 바꾸어도 전혀 풀지 못한다는 사실을 보면 분명히 알 수 있다.

반대로 문제를 풀지 못했다 할지라도 한동안 생각한 경험이 있으면 그 해법을 찾아내거나 배웠을 때 그 문제 주변까지도 포함해서 '면(面)'으로써 이해할 수 있게 된다. 그렇게 해서 자신의 것이 된다.

자동차를 타고 낯선 지방에 갔다고 하자. 조수석이나 뒷자리에 앉아서 간 경우에는 길을 외우려 해도 잘 외워지지 않지만, 스스로 운전대를 잡고 지도나 이정표가 될 만한 건물을 확인하며 갔을 때는 약간 헤맸다 하더라도 목적지에 도착한 후 주변의 지리가 자연스럽게 머리에 들어온다. 그런 경험을 해본 사람들은 꽤 많을 것이다. "한동안 생각해본 경험이 있으면 '면'으로써 이해할 수 있다"는 말이 바로 그런 의미이다.

예전에 국가 공무원 채용 시험의 '판단·수학적 추리분야'의 전문위원을 3년 동안 지낸 적이 있었기에 아직도 공무원 채용 시험을 위한 공부법에 대해 질문을 받는 경우가 있다. 당연히 옛날 문제집과 같은 것으로 공부하는 경우가 많은데 학생들의 공부법과 마찬가지로 거의 생각하지도 않고 바로 해답을 보는 것은 효과적이지 않다. 설령 풀지 못한다 할지라도 한동안 생각한 뒤 해답을 보는 것이 효과적이다. 그럼에도 "시간이 있으면 그렇게 하고 싶지만……"이라고 말하는 사람이 있다는 것은 이해할 수 없는 일이다.

'영감'이란 생각을 거듭한 끝에 '번쩍' 오는 깨달음

하나의 문제와 언제까지고 씨름하는 것은 미련하고 비효율적인 것처럼 보일지도 모른다. 하지만 절대로 그렇지 않다. 내가 근무하고 있는 대학에는 이공계의 연구자가 여럿 있는데 친분을 쌓은 선생님에게 연구에서의 '영감(inspiration)'에 대해 집중적으로 물어본 적이 있었다. 결국 다른 사람에게는 우연성을 강조하여 그럴 듯하게 얘기하지만, 실제로는 생각에 생각을 거듭한 끝에 문득 깨닫게 되는 '한순간'을 가리키는 것 같았다.

연구하는 사람에게서 "생각지도 못했던 실수나 사람과의 만남 덕분에 큰 발견, 발명을 하게 됐다"는 말을 흔히 들을 수 있다. 그래서 "운이 좋았을 뿐입니다"라고 말하게 되는 것이지만, 실제로는 평소 숱하게 많은 시행착오를 겪으며 생각에 생각을 거듭하고 있었기에 단순한 실수나 사람과의 만남에서 작지만 결정적인 자극이 주어져 그것이 커다란 발견, 혹은 발명으로 이어지는 것이다. 아무것도 생각하지 않고 오로지 우연이 일어나기만을 기다린다면 그것이 발견이나 발명으로 이어지지 않으리라는 것은 참으로 당연한 사실이다.

내 자신의 사소한 경험이지만, 치환군 분야의 연구에서 '무한차수의 4중 추이적 순환군의 4점의 고정부분군은 무한위수'라는 신기한 정리를 우연히 증명하여 〈런던 수학 저널〉이라는 학술지에 게재한 적이 있었다. 이것도 역시 사소한 경험이지만 입학시험의 중요한 부분에서 책임자로 있던 해 어느 날 밤, 입시 문제 중 '각각(各各)'이라는 글자가 잘못하여 '명명(名名)'으로 인쇄되었다는 사실을 꿈속에서 알게 되어 작업을 중단시킨 우연한 사건도 있었다. 두 가지 사건 모두 꿈까지 꿀 정도로 생각에 생각을 거듭하며 늘 신경을 썼기에 '발견'할 수 있었던 것이리라.

　아이들의 공부를 봐주고 있는 부모님과 교사들에게 당부하고 싶다. 무엇인가를 해냈을 때 칭찬하는 것도 중요하지만, 무엇인가를 끝까지 생각하는 자세에 대해서도 꼭 칭찬을 해주기 바란다.

'운'에서
'전략'으로

게임이론은
'전략'의 연구

주사위를 사용하는 쌍6이나 카드놀이의 도둑잡기 등은 꼼수를 사용하지 않는 한 처음부터 끝까지 우연성이 그 결과를 지배한다. 쌍6에서 6이 나오기를 바라며 주사위를 던졌을 때 바람대로 6이 나올 확률은 6분의 1이다. 또한 조커를 포함하여 5장의 카드를 가지고 있는 사람에게서 1장의 카드를 뽑을 때, 그것이 조커일 확률은 5분의 1이다.

쌍6이나 도둑잡기는 아이들에게는 재미있는 게임일지 모르겠으나 어른에게는 따분한 게임이다. 왜냐하면 생각할 여지가 없기 때문이다. 일반적으로 어른은 스스로 무엇인가를 선택할 수 있는 전술적 게임을 더 재미있게 여긴다. 주사위나 카드 게임

중에서 어른들이 흥미를 느끼는 것은 처음에는 '운'에 맡긴다 해도 중간부터 여러 가지 '전략'을 세워야만 하는 게임들이다.

반대로 '운'의 요소가 전혀 없는 것도 재미없기는 마찬가지다. '운'과 '전략' 모두가 있어야만 '게임'이라 부를 만한 것이 된다.

수학에서의 '확률론'과 '게임이론'을 한마디로 말하면 각각 '운'에 대한 연구와 '전략'에 대한 연구라고 할 수 있다. 확률론은 17세기 무렵부터 연구되어온 데 반해, 게임이론은 20세기에 들어서야 연구되기 시작했다. '가위바위보'를 대학 입시의 수학문제로 출제할 때는 가위, 바위, 보가 나올 확률이 각각 3분의 1이라는 암묵적 합의하에 출제를 하는 것이다. 거기에는 사람의 버릇이 개입할 여지가 없다. 만약 여러 가지 버릇을 고려한다면, 당연히 여러 가지 '전략'을 생각할 수 있기에 단순한 '확률' 문제로는 성립되지 않기 때문이다. 이 예만 봐도 게임이론에 관한 연구가 확률론보다 3세기나 늦게 이루어진 것은 당연한 일인 듯하다.

'전략'을 연구하는 게임이론이 하나의 학문으로 인식된 것은 '미니맥스 원리'라는 것이 증명되었을 때이리라. 게임이론의 전문서에는 미니맥스 원리에 관한 자세한 설명이 반드시 실리는데, 직관적인 표현으로 간단히 설명해보기로 하겠다.

미니맥스 원리(minimax原理)
게임 이론에서, 이해가 완전히 상반되는 두 경기자는 자기의 이익을 최대로 하고, 상대편이 취하는 최적의 전략에서 받을 수 있는 피해를 최소로 줄이는 방향으로 행동한다는 원리

어느 정도의 전술을 가진 두 사람 간의 게임에서 한쪽 편이 얻는 점수는 다른 한편이 잃는 점수라고 하자. 이것을 '제로섬' 이라고 한다. 그리고 양쪽 모두 확실하게 취득할 수 있는 이득 금액을 최대로 하는 전략을 행동기준으로 삼고 있다고 하자. 즉, 잃을 가능성이 있는 최대 금액을 최소로 만드는 전략을 선택하는 것과 같다. 만약 각각의 전술에 확률을 부여하지 않는다면 승부는 정해지지 않는다. 즉, '균형해(均衡解)'가 정해지지 않는 경우도 흔히 있지만, 각각의 전술에 확률을 부여한 경우에는 반드시 승부가 결정된다. 다시 말해서 '균형해'가 반드시 정해지게 된다.

야구를 예로 들어보겠다. 직구와 포크볼밖에 던질 줄 모르는 투수와 상대하게 된 타자가 있다고 하자. 직구나 포크볼 중 어느 하나만을 기다리기로 하고 직구를 기다릴 때 직구가 오면 타자가 +4점, 투수가 -4점, 직구를 기다릴 때 포크볼이 오면 포크볼이 오면 타자가 -2점, 투수가 +2점……, 이런 식으로 4가지 조합에 대한 득점을 정했다고 하자.

이때 투수가 직구를 던지려 한다는 사실을 알았다면 타자는 직구를 기다릴 것이고, 투수가 그것을 알았다면 투수는 포크볼을 던지려 할 것이고, 타자가 그것을 알았다면 타자는 포크볼을 기다릴 것이고…… 이런 식으로 승부가 정해지지 않게 된다.

여기서 투수와 타자에게 직구와 포크볼에 대한 확률을 부여했을 경우를 생각해보자. 예를 들어 투수는 직구를 $\frac{1}{3}$, 포크볼을 $\frac{2}{3}$의 확률로 던지겠다는 생각을 가지고 있으며, 타자는 직구를 $\frac{1}{2}$, 포크볼을 $\frac{1}{2}$의 확률로 기다리겠다는 생각을 가지고 있다면, 각각의 상황을 변경했을 때 양쪽 모두에게 불리해지는 확률이 정해진다. 그것이 '균형해'이며 그 상황에서 승부를 하게 된다.

이처럼 "전술에 확률을 부여하면 균형해가 정해진다"는 것이 미니맥스 정리이며, 이것이 탄생한 순간 게임이론도 탄생한 것이다.

'전략적 사고'란 무엇인가

그와 같은 균형해는 당연히 어떤 식으로 모델화하느냐에 따라서 여러 가지로 달라지게 된다. 흔히 "일본 야구는 치밀하고 미국 야구는 선이 굵다"고들 말하는데 그것은 착각이다. 통계조사가 발달한 미국에는 프로야구 선수들에 대한 온갖 세밀한 데이터를 수집하여 분석하는 일이 비즈니스로서 보편화되어 있기 때문이다.

2004년 아테네 올림픽 야구경기에서 일본은 한 수 아래라고 생각했던 호주에게 예선과 결승 토너먼트에서 모두 지고 말았다. 당시 호주 팀을 지도했던 감독이 메이저리그의 환태평양

지구 담당 스카우터였으니, 일본 선수들에 대한 특징을 잘 알고 거기에 대한 '전략'을 짰을 것은 불을 보듯 뻔한 사실이다.

결정적인 순간에서 정신력으로 '운'을 불러들여 데이터(확률)의 숫자를 배신해버리는 그런 선수에게 매력을 느끼게 되는 법이지만, 투수의 역투에도 불구하고 호주의 '전략' 앞에 고개를 숙이고 만 것은 사실이다. 당시 마쓰자카 투수는 '계산'대로, 즉 높은 확률로 상대 타선을 틀어막을 것이라는 사실을 알고 있었고 그대로 되었지만, 그것은 상대방에서도 이미 계산한 대로였다. 그리고 일본의 타선 역시 상대방의 계산대로 봉쇄당했다. 상대방까지도 포함해서 여러 가지 확률로 일어날 수 있는 온갖 경우를 상정하여 대책을 준비하는 것, 즉 확률에다 생각의 시행착오를 더하는 것이 '전략'이다. 일본 팀에는 그것이 없었다.

야구 경기에는 다음 기회가 있지만 인류의 병 중에 가장 큰 적인 '암'과의 싸움은 그렇게 쉽게 포기할 수가 없다. 항암제 치료에 대해 어느 의사가 매우 흥미로운 얘기를 했다. "암의 치료는 어디까지나 확률로 얘기할 수밖에 없다"고 말하면서도, 기계적으로 항암제의 양을 결정하여 투여하는 통상적인 치료에 대해 "생각과 수고를 절약해서는 안 된다"고 비판하고, 환자 한 사람 한 사람에 대한 효과와 부작용을 봐가면서 '다음 치료법'까지도 염두에 두고 약의 적정 양, 투여 방법, 약의 종류를 '조절'해나가야 한다는 것이다.

이처럼 목표를 설정한 뒤 다양한 확률을 가진 여러 가지 현상 가운데 어떤 규칙을 통해서 거기에 도달할 것인가를 생각하는 것이 바로 '전략적 사고'이다.

개수(個數)의 기본은
하나, 둘, 셋··· 하고 헤아리는 것

굳이 순열기호(P)나 조합기호(C)를
사용할 필요는 없다

　　　　　어떤 사안에 대해 여러 가지로 생각하고 분석할 때, 대상이 되는 것의 개수를 헤아려야 될 필요가 발생하는 경우가 있다. 일정한 조건하에서 모든 상품을 2명 이상에게 체크하게 하려면 아르바이트를 몇 명 고용하면 되는지, 일정한 조건하에서 사원 전체를 몇 개의 팀으로 나누고 싶은데 총 몇 개로 하면 좋을지, 일정한 조건하에서 몇 개의 문자를 사용한 문자열의 총수는 몇 개인지 등의 경우가 그렇다.

　이럴 때 대부분의 회사에서는 정확히 수량을 세지 않는 경우가 종종 있다. 문과 출신인 사람이 수학에 대한 거부감이 있어서 헤아리지 않는 것은 어느 정도 이해가 된다. 하지만 이과 출신인 사람도 그다지 헤아리려 들지 않는다. 그 근본적인 이유는 대부분의 경우 '무엇인가의 개수를 헤아릴 때는 고등학교에서 배운 순열기호 P나 조합기호 C를 사용해야 한다'고 착각하는 데 원인이 있다.

80년대 초 박사특별연구원으로 오하이오 주립대학에 머물던 무렵, 아파트 바로 앞에 있는 빨래방까지 자동차로 세탁물을 나르는 사람들을 수 차례 목격하고 놀란 적이 있었다. 이처럼 두 손을 사용하면 헤아릴 수 있는 것을 굳이 P나 C를 사용하려 하는 데도 똑같이 놀라지 않을 수가 없다. 결국은 P나 C를 알고 있다는 사실이 오히려 마이너스가 되어 일상생활에 필요한 것의 개수를 헤아릴 수 없게 되는 것이다. 이런 사람의 '사고력'은 믿을 만한 것이 못 된다.

어렸을 때부터 양손가락은 물론 양쪽 발가락까지 동원해서 개수를 하나, 둘, 셋……하고 헤아리는 것을 충분히 행해온 사람이나, 혹은 초등학교 고학년부터 중학교 무렵에 걸쳐 나뭇가지 모양처럼 소박한 도표를 사용해서 몇 번이고 헤아려본 경험이 있는 사람이라면 위에서 말한 것처럼은 되지 않을 것이다. 어렸을 때 간단히 헤아리는 방법을 충분히 하기도 전에 기묘한 '방법'을 주입받기 때문에 어른이 되어서도 사물의 개수를 만족스럽게 헤아리지 못하는 것이라고 생각한다. 1장의 '분수 계산을 못 하는 대학생'에서 지적한 내용과 같은 문제점이다.

대학의 이학부 입시에 미분을 사용하여 극대치와 극소치를 구하는 문제나, 적분을 사용하여 곡선 사이에 낀 부분의 넓이를 구하라는 문제를 출제하면 의외로 성적이 좋다. 그런데 문제의 뜻을 설명해주면 초등학생까지도 충분히 정답을 이끌어낼 수 있을 정도인, 사물의 개수를 구하는 문제를 내면 뜻밖에도 성적이 좋지 않다.

예전에 남녀 각각 5명씩 출연하여 서로에게 질문을 한 뒤 마음에 드는 사람끼리 커플을 탄생시키는 방송이 있었는데 그와 같은 장면에서 모든 여성이 한 남성을 마음에 들어 할 경우는 5가지라거나, 한 사람도 빠짐없이 5쌍의 커플이 탄생할 경우는 120가지라거나, 이와 같은 '실용적인 경우의 수'를 구하는 것에 서툰 듯하다. 처음부터 어렵다고 생각하여 헤아리려 하지 않거나, P나 C와 같은 거창한 방법이 떠올라 그것을 사용하려 하기 때문이다. '부끄럽다'는 생각을 버리고 '하나, 둘, 셋⋯⋯'하고 동심으로 돌아가 헤아린다면 대부분의 경우 답을 구할 수 있다.

무릇 무엇인가의 개수를 헤아릴 때는 실패를 부끄러워하지 말고 적극적으로 도전하면 반드시 정확한 답을 구할 수 있는 법이다. 경험을 쌓으면 다음과 같은 유의점을 저절로 터득하게 될 것이다.

• 같은 성질을 가진 부분끼리 두 번, 세 번 헤아리는 것은 시

간 낭비이며 2배, 3배를 하면 된다는 점.

- 헤아리고 있는 대상이 (문자의 중복처럼) 각각의 중복을 허용하고 있는가 하는 점.

- 헤아리고 있는 대상은 순서만의 차이도 별개로 간주하는가(순열), 혹은 순서만 다른 것은 동일한 것으로 간주하는가(조합), 헤아리고 있는 대상은 어떤 변형까지를 동일한 것으로 간주하는가를 분명히 할 것 등등.

여기에 한 가지만 더 유의할 점을 추가하겠다.

무엇인가를 헤아리는 일에 있어서는 어린아이라 할지라도 연구자와 별반 차이가 없는 영역에까지 달하는 경우가 있다. 그것은 일부 아이들도 체험적으로 알고 있는 사실인데, 대상으로 삼은 것이 2가지 성분으로 이루어져 있을 때 그것들의 개수를 2가지 경우로 헤아려보는 것이다.

예를 들어 한 가게의 아르바이트 점원 모두가 1주일에 3일씩 출근하는데, 어떤 요일에나 똑같이 30명씩 나와서 일을 한다고 하자. 이때 A군이 월·화·토요일에 출근하는 것을 'A, 월', 'A, 화', 'A, 토'로 표기해보자. '이름, 요일'이라는 대상의 개수를 요일에 따라 계산해보면, 요일은 7개이고 각각의 요일에 30명씩 출근하고 있으니 '이름, 요일'의 총수는 210개가 된다. 그리고 모든 아르바이트 인원을 x라고 한다면 모든 사람들이 일주일에 3일씩 출근하니 x 곱하기 3은 210이 된다. 따라서 x는 70, 즉 아르바이트 점원은 70명이라는 사실을 알 수 있다.

이상은 '언뜻 미련하게 헤아리는 것처럼 보이는 방법이, 좋은 아이디어의 근본이 된다'는 예인데, 사실은 그 이상의 목적이 있다. 청소년을 대상으로 하는 국제 수학올림피아드에서 일본이 일반적으로 어려움을 겪는 것 중 하나가 '정수(整數)'의 문제다. 디지털화 시대임을 감안하면 정수의 문제, 즉 사물의 개수를 헤아리는 문제에는 특히 강해졌으면 한다.

'검토'란 스스로를 의심해보는
중요한 시행착오

'오류를 발견하여
수정하는 힘'을 기르자

　　　　　　　　다른 교원들도 마찬가지일 테지만 일 가운데서 힘든 것이 회의와 시험 감독이다. 전에 근무하던 대학에서 마음이 잘 맞는 교원과 둘이서 시험 감독을 한 적이 있었는데 그때 교실 구석에서 시험문제 형식의 좋고 나쁨을 놓고 그 교원과 (물론 조그만 목소리로) 이야기를 나누었다. 그때 성실한 학생으로부터 "시험 중이니 선생님들께서는 얘기를 삼가주시기 바랍니다"라고 주의를 받았다. 변명의 여지가 없었다. 그 이후부터는 시험 중에 얘기하는 일이 없도록 신경을 쓰며 지금에까지 이르고 있으나 따분한 것만은 변함이 없다.

시험을 보는 학생들 입장에서는 의자에 가만히 앉아 감독하는 교원보다, 오히려 두리번거리며 교실을 돌아다니는 교원이 더 열심히 감독을 하고 있는 것처럼 보이는 모양이다. 하지만 실제로는 꼭 그렇지만도 않아서, 교실을 자주 돌아다니며 감독하는 사람의 일부는 무료함을 달래기 위해서 그렇게 하는 경우도 있다.

나도 당연히 그런 부류의 감독인데 꽤 오래 전부터 답안지를 힐끗힐끗 쳐다보며 돌아다니게 되었다. 그때 정답을 적은 답안지를 보면 기쁜 마음이 들지만, 영 마음에 걸리는 것은 조그만 실수가 있는 답안지를 볼 때이다. 잠시 후 모두를 향해서 슬쩍 "시간이 남는 사람은 답안지를 바로 제출하지 말고, 다시 한 번 잘 훑어보세요"라고 말하게 된다.

앞에서도 말한 것처럼 8개 대학에서 문과·이과 합해서 약 1만2000명쯤 되는 학생들의 수업을 담당해왔기에 수학 답안지를 보기만 해도 그 학생의 인품이나 성격을 대충 짐작할 수 있게 되었다. 또한 조그만 실수가 있는 답안을 쓴 학생을 시험장에서 분명히 확인하기 때문에 어떤 유형의 학생이 '검토'를 통해 올바르게 답안을 고치는지 그 특징을 분명히 알 수 있게도 되었다. 결론부터 말하자면 '검토'를 통해서 답안을 올바르게 고치는 사람은 조건반사적 암기 문제에는 약해도 시행착오를 해가며 생각하는 힘이 있고, 반대로 조건반사적 암기 문제만을 잘 푸는 사람은 그런 힘이 별로 없다.

따라서 '검토'를 통해 잘못을 발견하고 바로 고치는 힘을 기르면 시행착오를 해가며 생각하는 힘도 저절로 몸에 배게 된다. 하지만 그것은 결코 간단한 일이 아니다. 예를 들어 서적은 출판전에 초교, 재교, 삼교까지 3번 교정을 본다. 이렇게 교정을 봐도 출판된 서적의 초판에는 몇몇 잘못된 점이 있는 것이 보통이다. 초판임에도 잘못된 곳이 전혀 없는 서적은 아주 드물 것이다.

'잘못된 점'을 생각할 때는 다음의 세 가지 형태로 나눌 수 있다. 첫 번째는 본인을 포함해 누구라도 검토를 해보면 알 수 있는 실수. 두 번째는 주로 본인만 깨닫지 못하는 잘못이어서 상습적으로 되풀이하는 실수. 마지막 세 번째는 다른 사람들도 쉽게 찾아내지 못하는 실수다.

'본인을 포함하여 누구라도 알 수 있는 실수'의 예를 들어보면 잘못 옮겨 적었다거나, 숫자를 잘못 헤아린 경우 등이 있다. 두 번째 '본인만 모르는 실수'의 예로는 '두 사람의 틀린 점'이라거나, '몇일 동안 못 봤다'처럼 맞춤법을 잘못 알고 있는 경우를 들 수 있다. '두 사람의 다른 점' '며칠 동안 못 봤다'가 맞는 표현이다. 이처럼 잘못 알고 있는 경우가 의외로 많은데 어느 정도의 지식이 있는 사람이라면 금방 알 수 있다. 이 경우 다른 사람에게 지적을 받은 후에야 비로소 깨닫게 되는 경우가 많은데, 평소 별 생각 없이 말하거나 쓰는 단순한 것들을 착실하게 체크해나간다면 반드시 해결할 수 있는 문제다.

문제는 세 번째 유형의 오류다. 논리적인 부분에 맹점이 있는 경우가 많기 때문에 이런 종류의 실수를 막거나, 혹은 발견하기 위해서는 스스로가 자기 자신의 사고방식을 하나하나 의심해보기를 되풀이할 수밖에 없다.

실제로 아주 우수한 수학자가 증명한 정리에조차 본질적인 오류가 숨어 있어서 몇 년이 지난 뒤에야 지적받는 경우가 가끔 있다. 그 대부분은 그 분야의 전문가가 '이상하다'고 여기며 의심의 눈초리를 보내는 부분에서가 아닌, 그 분야의 전문가들이 '문제없다'고 가볍게 넘어가는 부분에 숨어 있는 법이다. 따라서 그 분야와는 약간 거리가 있는 분야의 전문가가 의심의 눈초리로 자세히 살펴봄으로써 발견되는 경우가 많다.

1cm를
100번 배로 하면…

여기서 마지막 유형의 일례로 비교적 쉬운 글을 소개해보겠다.

1cm의 배는 2cm. 2cm의 배는 4cm. 4cm의 배는 8cm. 8cm의 배는 16cm. 이와 같은 작업을 100번 했다고 하자. 그에 관해서 누군가가 "그 결과의 길이를 도쿄에서부터의 거리로 생각하면, 우주의 어딘가에 있다 할지라도, 도쿄에서 오사

카 사이의 거리는 넘을 것이다"라고 말했다.

이 글을 읽은 사람들의 대부분은 아마도 도쿄-오사카 간의 거리인 약 500km를 넘느냐, 넘지 않느냐에만 생각을 집중하게 될 것이다. 그리고 머릿속으로 어림잡아 계산해본 뒤, "그건 옳은 말이다"라고 말할 것이다. 하지만 실제로는 다음과 같은 본질적인 오류가 숨어 있다.

우주의 크기는 100억 광년~200억 광년(1광년은 빛의 속도로 1년 걸리는 거리)인데 1cm를 100번 배로 한 결과는 우주의 크기를 훨씬 넘는 길이가 된다.

어쨌든 '검토'는 스스로를 의심해보는 형식에 있어서의 중요한 시행착오이며, 특히 마지막 유형의 '논리적 전개'에 관한 오류를 발견하여 수정할 수 있도록 하는 것은 매우 중요한 일이다. 조건반사적 암기 훈련을 아무리 거듭해봐야 그 능력을 향상시키는 데는 거의 도움이 되지 않는다. 시간에 제한을 받지 말고 모든 것을 의심해보는 마음으로 끝까지 생각해나가는 힘을 길러야 한다.

이른바 '상식'이라 여겨지는 것에 대해서도 스스로 납득할 수 없다면 그것을 간단히 받아들이지 말고, 가령 그것을 인용하는 경우라 할지라도 확실하게 '가정'해두는 자세가 필요하다. '1cm를 100번 배로 한다'는 예문을 사용해 구체적으로 설명해보겠다.

우선 '가령 우주의 크기가 무한대로 확장해 간다고 한다면, 이 문장은 옳다'고 말할 수 있다. 그리고 다음으로 이 가정을 생략해도 되는지에 시선을 돌려보는 것이다. 그러면 필연적으로 우주의 크기를 알아보게 되며, 그 결과 거기에 문제점이 숨어 있다는 사실을 깨닫게 될 것이다.

'조건'을 변경하면 무슨 일이 일어날지 사전에 예측하자

스포츠에서의 규칙 변경은 '비겁'하다고 생각하지만

수학의 세계에서 가끔 '무섭다'고 생각되는 경우가 있다. 그것은 아주 작은 조건이나 수치의 차이로 방정식의 해(解)가 '존재하지 않음'에서 개수가 '무한함'으로 변하기도 하고, 중학생이라도 풀 수 있는 문제가 미해결 문제로 바뀌기도 하기 때문이다.

때로 그런 극단적인 변화를 접하기 때문인지 사회에서 '조건'이나 '약속' 등을 변경했다는 소리를 들으면 어떤 변화가 일어날지 생각하는 버릇이 생겼다. 대부분의 경우는 지나치게 필요 이상으로 생각해버리곤 하지만.

사회에서의 '조건' 변경 중에서 알기 쉬운 것이 스포츠 경기에서의 규칙 개정이다. 기억에 남아 있는 것을 예로 들면 럭비의 트라이를 4점에서 5점으로 한 것, 배영에서 바살로킥 허용 거리를 제한한 것, 스키 복합경기에서 점프의 득점 비율을 줄인 것, 배구의 사이드아웃제에서 랠리포인트 방식으로 변경 등이 있다.

규칙을 변경했다는 발표를 접하면 '일방적이다' '비겁하다' 이런 생각이 들 때도 있다. 즉, 내가 응원하는 팀에 불리해지는 것이 아닐까 생각하게 되는데, 한편으로는 그 변경이 어떤 변화를 가져올지 생각해보면 기대하는 마음도 적지 않다.

어떤 경기에서든 득점을 1점 늘리는 것만으로도 승자와 패자가 뒤바뀔 수 있다. 규제를 1미터 변경하는 것만으로도 금메달리스트가 평범한 선수가 되어버리기도 한다. 혹은 밤 12시 정각을 '내일'에 속한다고 규정하는 것만으로도 '오늘'의 마지막 시간은 사라져버리고 만다. 이처럼 '조건'의 끝자락에서 일어나는 일들 속에 재미있는 현상이 숨어 있는 경우가 많다.

결과로서 일어난 현상을 보고 즐거워하는 것도 좋지만, 그보다는 그와 같은 현상이 일어날 가능성을 여러 가지로 직접 찾아보는 편이 훨씬 더 재미있다. 특히 '조건'이 변경되었을 때 찾아보면 신선한 즐거움을 맛보게 될 가능성이 높다. 예를 들어 예전의 '청춘18티켓'은 '연속된' 5일 동안 일반열차를 마음대로 탈 수 있는 것이었으나, 어느 날 JR에서 '연속된'이라는 말을 조건에서 빼버렸다. 그때 나는 '어르신들이 여유 있게 여행을 즐기실

수 있을 거야'라고 생각했는데, 실제로 그렇게 되었다고 한다. 이러한 '생각의 즐거움'을 누리려면 평소부터 '그 결과 어떤 일이 일어날까'를 스스로 물어보는 습관을 갖는 것이 좋다.

이렇게 자문을 할 때 유의할 점은 처음부터 단번에 커다란 놈을 잡으려 의식해서는 안 되며, 구체적인 예를 여러 가지로 적용해서 생각해보아야 한다는 점이다. 그렇게 되풀이하는 동안 흥미진진한 핵심에 다다르게 되는 법이다.

규칙 변경 후는
'행차 뒤에 나팔'

물론 좀 더 절실한 문제도 있다.

1990년대 중반쯤이었을까? 한 정치학 연구자로부터 "선거에서의 돈트(d'Hondt) 방식은, 비례대표제라고는 하지만 대부분의 경우 큰 정당에 더 유리하게 작용하는 듯한데, 수학적 설명을 서술한 문헌이 어디에도 없습니다. 다른 정치학 연구자들에게 물어보아도 아는 사람이 아무도 없는 듯합니다"라는 말을 들은 적이 있었다.

바로 몇몇 문헌을 살펴보았는데 **돈트 방식**의 규칙을 소개한 내용은 많았으나, 그 성질을 증명한 것은 찾을 수가 없었다. 이에 하루 종일 생각한 끝에 중학교에서 배우는 문자계산만을 사용하여 그것을 분명하게 증명했다. 그 후, 그 증명은 나의 저서

《고교 '수학기초'에서의 시민 수학》 등에도 실었는데 지금까지 이상히 생각되는 부분이 있다.

그것은 돈트 방식 외에도 **상라그**(sainte-Laguë) **방식**이나 수정상라그 방식 등의 비례선거 방식도 있으니 정치학 연구자나 정치가 분들이 그러한 방식들이 가지고 있는 규칙의 미묘한 차이에 좀 더 흥미를 가질 법도 한데 그렇지 않다는 점이다.

그럼 돈트 방식이라는 용어부터 설명하기로 하겠다. 정원이 6명인 비례선거구에 3개 정당 A, B, C에서 후보자가 나온다고 하자. 선거 결과 A, B, C 각 당의 득표수는 각각 3960표, 4080표, 6480표였다고 한다면 다음 페이지와 같은 표를 만들 수 있다. 표에는 18개의 숫자가 적혀 있는데 이 선거에서는 6명이 당선되기 때문에 이 18개의 숫자 중 큰 것에서부터 6개에 동그라미를 쳤다. 그렇게 하면 A, B, C 밑에 있는 동그라미가 각각 1개, 2개, 3개가 되기 때문에 A에서 1명, B에서 2명, C에서 3명이 당선되는 것이다.

돈트 방식에서는 1, 2, 3, 4……로 나누어 나가지만 상라그 방식에서는 1, 3, 5, 7……로 나누며, 수정상라그 방식에서는 1.4, 3, 5, 7……로 나누어 나간다. 일본을 비롯해 돈트 방식을 채용한 나라들이 많지만 상그라 방식이나 수정상그라 방식을 채용

돈트 방식과 상라그 방식

비례대표제에 있어서 득표수를 의석수로 변환시키는 방법에는 최대(최고) 평균법과 최대 잉여법 2가지가 있다. 이 중 최대 평균법이란 '1의석 당 평균 득표수가 가장 많은 정당이 의석을 획득하는 것'을 원칙으로 하는 배분법이다. 이 배분 방법에도 몇 가지의 형식이 있다. 돈트(d'Hondt) 방식은 각 정당의 득표수를 1, 2, 3……이라는 정수로 나누어 그 몫이 큰 순서로 의석을 배분하는 방법으로, 일본에서 채용하고 있다. 이에 대해 상라그(Saint-Laguë) 방식은 돈트 방식에서의 1, 2, 3이라는 정수 대신 1, 3, 5……의 홀수를 사용하고 나중에는 돈트 방식과 마찬가지로 몫이 큰 순서로 배분하는 방식이다. 일반적으로 돈트 방식은 대정당에, 상라그 방식은 소정당에 유리한 의석 배분법이다.

	A당	B당	C당
득표÷1	3960	4080	6480
득표÷2	1980	2040	3240
득표÷3	1320	1360	2160
득표÷4	990	1020	1620
득표÷5	792	816	1296
득표÷6	660	680	1080

돈트 방식에 의한 당선인 수 결정법

한 나라도 있다. 상그라 방식은 소수 정당에게 약간 유리하게 작용하고, 수정상그라 방식은 그것을 약간 수정한 것이라고 할 수 있다.

지금 와서 생각해보면 나는 틀림없이 필요 이상으로 세세한 부분에까지 지나치게 주의를 기울였던 것인지도 모르겠다. 실제로 돈트 방식은 각 정당의 득표수를 1, 2, 3, 4……로 나누고 그 모든 몫 중에서 값이 큰 것에서부터 당선인 수만큼의 몫을 정해서 각 정당의 당선인 수를 결정하는 방식인데 '마지막 당선자를 가리는 단계에서, 여러 정당의 몫이 같은 경우에는 어떻게 할까?'라는, 가능성이 극히 제로에 가까운 경우를 당시 지자체에 일부러 전화를 걸어 물어보았다. 참고로 당시는 '추첨을 합니다'라는 친절한 설명을 들었다.

스포츠의 규칙 개정뿐만 아니라 국제적인 상거래에 있어서도, 혹은 중요한 법 개정에 있어서도 사람들은 규칙이 변경될 때까지 별로 이야깃거리로 삼지 않다가 나중에서야 떠들어대는 경향이 있는 듯하다. 언론 보도도 마찬가지다. 그야말로 '행차 뒤에 나팔'이다.

규칙이나 제도 수정안이 거론되기 시작했을 때 자신의 문제로 보고 어떤 변화가 일어날지 한 번쯤 자문해보는 습관을 갖는 것도 좋을 듯하다. 반드시 수학적으로 세세한 부분에 이르기까지 '예측'할 필요는 없다. 구체적인 예를 하나하나 대입한 뒤, '조건'의 끝자락 부근을 중심으로 변화의 가능성을 생각해보면 된다.

맹목적인 '정규분포 신앙'에서
벗어나기를

'대세에 따르려는 성향'은
생각이 멈췄다는 증거

교생 실습을 허락해준 학교에 감사 인사를 다니는 담당 교수로서 나는 학생들이 실습하고 있는 교실을 들여다보는 경우가 많았다.

평소 어설퍼 보이던 학생들도 교생이 되면 어딘가 멋져 보이는 법이다. 그래도 아직 미숙한 것만은 어쩔 수가 없다. 교생들의 서툴기 짝이 없는 수업을 견학하는 것은 조마조마한 일이지만, 중고등학생들의 살아 있는 표정을 보는 것은 즐거운 일이다.

그런데 학생들의 수업에 대한 반응 중에서 몇 년이 지나도 아쉬운 부분이 있다. 그것은 교사나 교생이 질문을 한 뒤 '손을 들라'고 하면, 우선 주위 학생들의 반응을 확인한 뒤 자신의 입장을 결정하는 학생이 압도적으로 많다는 사실이다. 왜 좀 더 분명하게 자신의 생각을 결정하고 거기에 따라서 솔직하게 반응하지 못하는 걸까?

물론 '대세에 따르려는 성향'은 옛날부터 일본인들의 특징이기는 하다. 틀림없이 국제적인 문제가 발생하면 대부분의 일본 정치가나 행정 담당자들은 "주변 각국의 대응을 신중하게 지켜본 뒤 우리나라의 대응을 결정할 생각이다"라는 등의 답변만을 되풀이해왔다. '스스로 생각하고 행동하기보다, 자신의 생각은 모두와 함께 커다란 나무나 산속에 있는 편이 안심이다'라는 생각은 '생각이 정지'되었음을 보여주는 것이나 마찬가지다. '생각하는 기술'이고 뭐고, 아무것도 없는 것이다.

어쨌든 엎어놓은 종 모양을 한 통계분포인 '정규분포'는 꽤나 널리 알려져 있다. 통계수학에서 매우 중요한 '중심극한정리'와 같은 것들 때문에 정규분포의 의의는 분명하게 인식되어 있다. 그런데 '대세에 따르려는 성향'이 너무 강해서 그 정규분포를 마치 신앙처럼 신성한 것으로 특별시하는 교육관계자들이 너무 많아 할 말을 잃게 만드는 경우가 종종 있다.

무릇 입학시험은 수험생을 합격자와 불합격자로 가르는 것이니 경계 주변의 점수에는 수험생이 거의 없는 것이 가장 이상적이다. 따라서 득점분포에 2개의 봉우리가 있고 봉우리와 봉우리 사이의 계곡이 당락을 결정하는 경계가 되는 것이 가장 바람직하다.

그럼에도 불구하고 특히 문과대학 교수 중에는 '입학시험의 득점분포는 정규분포가 되어야 하며, 그 산의 정상에 당락을 결정하는 경계가 있는 것이 바람직하다'라고 굳게 믿고 있는 사람들이 꽤 많다. 몇몇 대학에서는 입시의 수학 성적이 정규분포와 다른 모양을 하고 있다는 이유로 수학 교원이 여기저기서 비난을 듣는 사태가 종종 일어나곤 한다.

그런데 수학 교원에 대해 그런 비판을 전개하는 사람들 가운데 한편으로는 '편차치(偏差値)를 벗어나는 교육을 목표로 삼아야 한다'고 역설하는 사람들을 종종 볼 수 있다. 편차치란 100점 만점의 시험에서 득점 분포를 평균이 50점이 되는 정규분포에 접근시키는 것이다. 구체적으로 말해서 전원의 득점에 관한 평균을 m, 흩어짐을 나타내는 표준편차를 s라고 한다면 각자의 득점 x의 편차치를 $(x-m) \div s \times 10 + 50$에 따라 부여하는 것이다. 쉽게 말해서 편차치는 본질적으로 정규분포와 따로 떼어서는 설명할 수 없는 법인데, 한편으로는 정규분포에 대한 굳건한 믿음을 가지고 있으면서 다른 한편으로는 편차치를 비판하다니 참으로 기묘한 일이 아닐 수 없다.

입시 정보지의 편차치 랭킹은 수험생이 입시에서 수험 과목의 평소 성적을 토대로 산출한다. 따라서 과목 수가 적은 입시의 경우는 수험생이 그 과목만을 집중적으로 학습하기에 그 과목의 평소 성적이 쉽게 올라가 결과적으로는 입시에 적은 과목만 채택한 대학의 편차치가 상승하게 된다. 실제로 많은 사립대학 경영자들이 그런 사정을 알고 1980년대 후반부터 입시 과목의 축소를 진행해온 것이다.

그런데 그것을 세상에 공표할 때면 "저희 대학은 개성 존중을 모토로 삼아, 편차치로 인간을 평가하는 사회풍조와는 뚜렷한 선을 긋고 있습니다. 이에 각자의 개성을 가진 학생들을 많이 받아들이기 위해 입학시험 과목수를 과감하게 줄이기로 했습니다"라는 식의 설명을 하곤 했다. '기묘함'을 넘어선 것만은 틀림없는 사실이다.

사람은 새로운 발견이나 발명을 위해서 여러 가지로 시행착오를 겪는 법인데 그때 '대세에 따르려는 성향'의 배후에 숨어 있는 '정규분포 신앙'은 아무런 도움도 되지 않는다. 그 신앙과 관계가 있는 교육현장에서의 문제점을 소개해왔는데, 다양한 일상생활 속에서도 비슷한 문제를 찾아볼 수 있을 것이다. 문득 자신을 되돌아봤을 때, 그런 신앙에 빠진 자신의 모습을 보는 일이 없기를 바란다.

'정성적'인 것은 암기,
'정량적'인 것은 시행착오

정성적인 '결론'에만 얽매이는 것은
위험하다

'코엔자임Q10은 세포를 젊게 한다', '아미노산은 지방을 연소한다', '동물성 지방은 비만의 가장 큰 원인', '자외선은 피부암의 가장 큰 원인' 등은 일상에서 흔히 들을 수 있는 말들이다.

대중들은 이런 말에 특히 민감하게 반응하기 때문에 일부 제품이 품절 상태가 되거나, 일부 사람들이 지나치게 편식을 하게 되는 경우도 있다. 그 내용의 진위를 떠나서 이처럼 '양(量)'이 아니라 '성질'에 대해서만 언급하는 경우를 '정성적(定性的)'인 내용이라고 한다.

한편 '엄지와 검지로 집은 양만큼만 소금을 넣는다', '설탕을 약간 넣는다', '술은 모든 약 중에 으뜸이지만, 과하면 해롭다', '어패류를 약한 불에 올려 약 1시간 정도 삶는다' 등의 말처럼 '양'에 대해서 언급하는 경우를 '정량적'인 내용이라고 한다.

정성적인 내용과 정량적인 내용을 배울 때는 따로 배우기보다 가능한 한 하나로 묶어 배우는 것이 좋다. 하지만 이 두 가지 사항의 학습법에는 근본적인 차이가 있다. 정성적인 내용은 주로 암기에 의해서 배우지만, 정량적인 내용은 주로 시행착오를 겪어가며 배워야 하는 것이라는 점이다. 따라서 '암기형' 학습법과 '시행착오형' 학습법 모두 필요하지만 시행착오를 거치지 않는 암기교육에만 편중되면 정량적인 것을 잊고 정성적인 것만이 부각되기 쉽다.

'○○이 뇌를 활성화시킨다'는 요란스러운 광고문을 종종 접하게 된다. 그런데 그 내용을 냉정하게 살펴보면, 그 물질이 됐든 행위가 됐든 그것이 가지고 있는 부정적인 면을 고려하지 않았다는 점은 차치하더라도, 뇌를 활성화시키는 것으로 알려진 다른 물질이나 행위와 비교하는 정량적 서술은 생략된 경우가 거의 대부분이다. 예를 들어 오래 전부터 '꼭꼭 씹는 것'이나 '이성교제'가 뇌를 활성화시키는 데 매우 도움이 된다고 알려져 왔으나, 그런 행위들 간의 비교가 없으면 냉정하게 판단을 내리기는 어려운 법이다. 여러 가지로 비교해보는 것은 정량적인 사실을 배우는 넓은 의미에서의 시행착오이며, 그것을 늘 염두에 두었으면 하는 바람이다.

　정량적인 것을 모른 채 정성적인 지식만 갖고 있던 덕분에 목숨을 구한 경우도 있기는 하다. 예를 들어 자살을 위해 수면제를 먹었으나 '적정량'을 알지 못해 '운 좋게도' 실패한 경우가 그렇다. 하지만 이것은 목적이 옳지 못한 특수한 사례일 뿐, 그와는 반대로 비극인 경우가 더 많다는 사실은 말할 필요도 없다. 애당초 약품이라는 것은 모두가 독이 될 수도, 약이 될 수도 있는 것인데 이는 한방약이나 건강식품에 대해서도 적용된다. 아연이나 비소처럼 몸에는 틀림없이 해로운 성분이지만, 아주 적은 양을 섭취해주어야만 하는 필수 원소들도 상당수 있다.

　우리의 교육현장에서 정량적 내용이 경시되고 있는 한 사례를 들어보겠다.

　초등학교 과학에서 식염의 용해를 배운다. 식염은 온도에 따른 용해도의 변화가 적은데, 섭씨 20도의 물 100g에 대해서 식염의 용해도는 35.8g이다(《이과편람》). 따라서 이때의 농도는 약 26%가 된다. 그런데 사립중학교의 입시문제를 보면 식염수의 농도를 계산하는 문제의 답이 30%네, 40%네, 섭씨 100도에서도 있을 수 없는 숫자가 되어버리는 문제가 떡하니 출제되어 있다.

　여기서도 그야말로 기계적인 계산만을 시킬 뿐, 정량적인 의미를 생각하게 하지는 않는 것이다.

　이처럼 대체로 정량적인 사실이 너무나도 경시되고 있기 때문에 대부분 사람들이 의미와 과정과는 동떨어진 정성적 '결론'에만 사로잡혀 쉽게 우왕좌왕하게 되는 듯하다. 이과의 문제만이 아니다. 공공사업과 재정의 문제, 환경 위험 문제, 인구동향과 사회보장제도 등 정량적 부분에 대한 이해 없이는 판단을 내릴 수 없는 문제들이 산적해 있다. 이런 문제들에 대해 일부 '전문가'에게만 맡겨두지 말고 정량적인 부분에 좀 더 관심을 가졌으면 하는 바람이다.

3장

‘수학적 사고’의 핵심

해결을 위해서는
'요인의 개수'에 유의하라

'1변수적 발상'과
'다변수적 발상'

"수식을 생략한 채 단순한 통계연습을 몇 번이고 하면 계산 속도가 빨라지고, 수학을 싫어하던 사람도 단번에 수학을 좋아하게 되며 머리가 좋아진다"라고 말하면 그 말을 그대로 믿어버리는 사람이 적지 않다. 반면 "딱딱한 콘크리트 위를 몇 번이고 달리다보면 발이 빨라지고 야구를 싫어하던 사람도 단번에 야구를 좋아하게 되며 감이 좋아진다"라고 말하면 그 말을 믿을 사람은 적을 것이며, 야구를 사랑하는 사람들은 틀림없이 화를 낼 것이다.

자신은 이유를 알지 못했던 여러 가지 문제나 현상에 대해 수학을 이용해 스스로 그 이유를 설명하거나, 혹은 타인이나 책의 설명을 통해 그 이유를 이해하게 되어 감동을 맛보는 경우가 있다. 그런 경험이 자꾸만 쌓이다보면 진짜로 '수학을 좋아하게 되는 법'이라고 나는 생각한다. 원래 수학뿐만 아니라 여러 분야의 객관적인 논의에 있어서 어딘가에서 반드시 계산이 행해지는 법이다.

위의 첫 번째 문장을 믿는 사람들에게 의심스러운 부분인 '머리가 좋아진다'의 의미를 여러 가지로 물어보면, 대부분은 '계산 속도가 빨라진다'를 그 한 요소로 든다. 그렇다면 계산력이 약했던 위대한 과학자나 수학자는 어떻게 설명하면 좋단 말인가?

난치병 치료법에 A(먹는 약), B(온천), C(식사)가 있다고 하자. 원래는 "A, B, C를 적당히 병행하면 얼마간 개선될 겁니다"라고 말하는 것이 적절함에도 불구하고, "A만을 매일 복용하면 1개월 뒤에는 완치됩니다"라고 선전하면 틀림없이 A를 구하기 위해 환자들이 약국으로 몰려들 것이다.

이러한 예에서 알 수 있는 것처럼 '어떤 하나의 요인만으로 해결할 수 있다'고 말하면 관심은 거기로만 집중되기 쉽다. 하지만 실제로 그렇게 단순한 일은 극히 드물다. 그것은 대부분의 사람들이 잘 알고 있는 사실이다.

그런데 무언가의 선전 문구라고는 생각되지 않는 일에 대해서까지, 난제를 해결하기 위한 요인을 한 군데서만 찾으려 하는 경향을 흔히 볼 수 있다. 집단이 불행한 일에 휩싸이게 되었을 때 그 중 한 사람에게 책임을 전가시켜버리는 경우. 경기 불황의 원인을 정부의 정책 탓으로만 돌리는 경우. 남녀의 사이가 멀어졌을 때 그 이유로 상대방의 잘못 하나만을 지적하는 경우. 그 외에도 얼마든지 예를 들 수 있다.

난제를 해결하기 위한 요인을 한 군데서만 찾으려 하는 배경에는 학교의 수학 교육에서 1변수의 함수밖에 학습하지 않은 사람이 많다는 점도 있다. 어쨌든 특히 난제를 해결할 때는 단순한 한 가지 변수의 발상으로 대하지 않았으면 하는 바람이다.

반면 지나치게 꼼꼼한 사람이 문제를 해결하기 위해 여러 가지 요인을 들거나, 사소한 일에도 신경을 쓰는 사람이 어떤 일을 선택해야 할 때, 항상 많은 결정 요인을 드는 경우가 있다. 수학적으로 보면 '상당한 다변수의 함수를 좋아하는 사람'이라고 말할 수 있을 것이다.

예를 들어 맞선자리에 나간 여성이 상대방 남성에 대해 "키도 크고, 체중도 어느 정도 있고, 균형 잡힌 체격에 해마다 반지를 사주고, 참, 목걸이도. 그리고 영어도 할 줄 알고 기계도 잘 다룰 줄 알아야겠지. 연봉도 최하 천만 엔 정도는 되어야 하고, 교양도 상당 부분 갖추고 있어야 해"라고 말했다고 하자.

이렇게 많은 결정 요인을 조건으로 든다면 보통 남자들은 그 말을 듣고 머릿속이 새하얗게 변해버리고 말 것이다. 그런 경우에는 '신장에서 체중을 뺀 수치가 100~110. 반지와 목걸이를 해마다 사줄 수 있을 만한 돈의 준비가 가능할 것. 100점 만점 짜리 상식 시험을 봐서 80점 이상 받을 것'과 같이 변수를 줄일 수 없겠냐고 묻고 싶다. 성격이 아주 까다로운 여성이 아닌 한 "대략 그 세 가지 정도면 되겠네"라고 대답할 것이다.

실제로 경영학 등에서 더욱 활발히 응용하게 된 '다변량 해석'이라는 분야 중에 '주성분 분석'이라는 것이 있다. 주성분 분석은 수많은 변수를 가진 정보를 분석할 때 원래 변수의 1차식으로 작성되는 두어 개의 변수(주성분)로 전체 정보를 크게 나누어 파악하는 것이다. 제1성분, 제2성분, 제3성분까지만으로도 수많은 현실 문제에 관한 전체 정보의 80% 정도를 파악할 수 있다.

이 사실에서도 알 수 있듯이 어떤 문제의 해결을 위한 요인의 개수가 여러 가지가 있을 때는 신중하게 정리해서 그 요인의 개수를 3개 정도로 압축해보는 작업도 검토해볼 만한 가치가 있다. 물론 어느 하나 가볍게 볼 수 없는 요인이 여럿 있는 경우에도 마찬가지다.

여담이기는 하나, 문과 대학생들에게 선형대수학을 강의할 때 '고유치'까지 소개하는 대학교수들은 많다. 하지만 그 고유치가 이과나 수학에서뿐만 아니라, 주성분 분석의 주성분을 결정할 때에도 본질적으로 도움이 된다는 사실을 얘기하는 교수는 거의 없다. 문과 대학생들이 "고유치라니, 그걸 어디다 써먹으란 말

이지? 문과 대학생이 되어 드디어 해방됐나 싶었는데 다시 고등
학교 시절의 지긋지긋한 수학이 떠오르려고 해"라고 한탄하는
소리가 들려오는 듯하다. 참으로 안타까운 일이다.

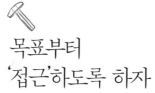

목표부터
'접근'하도록 하자

일본에는 애완견이
몇 마리나 있을까

최근 "직관적으로 수학을 이해하자"는 의견이 유행하고 있다. 평소 수학의 논리성을 엄격하게 주장해 온 나에게 반론을 기대하며 "그 견해에 대해 어떻게 생각하십니까?"라고 묻는 학생들이 적지 않다.

틀림없이 수학을 직관적으로만 이해해버리고 만다면 문제가 있다. 그렇게 해서는 수학을 활용해서 무엇인가를 생각하거나 설명할 수 없게 된다. 하지만 처음에는 직관적으로 이미지를 그려보고 난 뒤, 착실하게 한 걸음씩 논리적으로 학습을 해나간다면 아무런 문제가 없다.

실제로 미분적분학을 어려워하는 고등학생, 대학생, 사회인들이 많은데 이는 학습방법에 한 원인이 있다. 무한의 개념에 대한 긴 설명 끝에 나오는 미분. 기다란 직사각형을 쌓아올리는 '**구분구적법**'에 관한 길고 긴 설명 끝에 등장하는 적분. 이래서는 참을성 있게 학습하지 못하는 사람들은 중간에 포기해버리고 말지도 모른다. 만약 "미분이란 한마디로 말해서 곡선의 기울기를 나타내는 것인데, 구체적으로 이 점에 대해서는 이렇게 기울기를 구할 수 있습니다"라거나, "적분이란 한마디로 말해서 넓이나 부피를 나타내는 것인데 구체적으로 이 부분에 대해서는 이렇게 넓이를 구할 수 있습니다"라고 첫 도입부에서 소개를 한다면 어떨까? 인내심이 그다지 많지 않은 사람이라도 목표를 봤다는 사실이 긍정적으로 작용하여 목적의식을 가지고 적극적으로 학습할 수 있을 것이다.

구분구적법(區分求積法)
도형의 넓이나 부피를 구할 때, 그 도형을 여러 개의 작은 부분으로 나누어 그 넓이와 부피의 합을 구하여 계산하는 방법

지금 말한 내용은 수학에 관한 것이기 때문에 언뜻 와 닿지 않을지도 모르겠으나 일상생활에 관한 예를 생각해보면 금방 이해할 수 있다.

여행이나 등산을 갈 때면, 인터넷 검색 등을 통해 미리 목적지의 코스나 구경거리 등을 확인하고 가는 경우가 많다. 그렇게 하면 목표로 삼은 산에서 시선을 떼지 않고 걸을 수 있기 때문이다. 한편 약간의 등산 경험이라도 있는 사람이라면 알 수 있는데, 산 밑에서 올라갈 때 정상 자체는 좀처럼 보이지 않는 경우

가 흔히 있다. 그 대신 정상 바로 아래에 돌출되어 있는 거대한 바위나, 바위 위에 자란 커다란 나무 한 그루처럼 정상 부근의 표지가 될 만한 무엇인가가 보이는 것이 일반적이다. 그리고 그 표지를 향해 나아간다.

수학에 있어서도 목표에 이르기까지의 직접적인 길은 보이지 않는다 하더라도, 그것만 알면 목표에 이를 수 있는, 표지가 될 만한 무엇인가가 목표 근처에 존재하는 경우가 있다. 그 표지를 찾는 법은 "목표에 이르기 위해서는 무엇을 알면 되는가?"하고 끊임없이 자문하면 된다. 그리고 목표 자체에 이르는 길은 잘 보이지 않아도, 그 표지에 이르는 길은 뜻밖에도 쉽게 찾아내는 경우도 있다.

실제 사회의 문제에 있어서도 목표부터 '접근'하는 발상은 도움이 된다. 한 예를 소개해보기로 하겠다.

얼마 전, 후생노동성이 일본 내에서의 광견병 예방 접종률이 50% 이하로 떨어졌다는 사실을 발표했다. 후생노동성은 그 수치를 어떠한 방법으로 산출했을까? 사실 이 수치는 그렇게 간단히 산출할 수 있는 것이 아니다.

잘 알려진 것처럼 광견병은 광견병에 걸린 동물에게 물려 감염되는데, 사람이 감염되면 죽음에 이르는 무시무시한 병이다. 일본에서는 1957년 이후 광견병이 발생한 적은 없으나 외국에서는 종종 발생이 보고되고 있으며, 외국에서 일본으로 연간 1

만 마리 이상의 동물이 수입되고 있다는 보고까지 고려한다면 의무로 규정된 광견병 예방접종을 반드시 해야 할 것이다.

광견병 예방접종을 한 애완견의 총 숫자는 후생노동성 홈페이지 등에서 쉽게 알 수 있지만 문제는 현재 일본에 있는 개의 총 숫자이다. 애완동물 가게에서 판매한 애완견의 총 숫자는 대략 파악이 가능할 테지만 아는 사람의 집에서 태어난 강아지를 데려온 경우나 유기견을 기르는 경우도 흔히 있기 때문에 개를 등록하거나 예방접종을 하지 않는 한 그런 숫자까지 파악하기는 어렵다.

이에 후생노동성이 현재 일본에 있는 애완견의 대략적인 총수를 산출해낸 방법이 개 사료의 소비량이었다. 그 양을 알면 틀림없이 개의 대략적인 총수는 산출해낼 수 있을 것이다. 그런데 그 결론은 놀랍게도 '일본에는 약 천만 마리의 개가 있다'는 것이었다.

규칙성의 이해를 위해
필요한 것

'2'보다 '3'으로
시험해보는 것이 중요하다

　　　　　　　　나란히 늘어서 있는 주판알과 빼곡하게 들어찬 타일처럼 규칙성을 가진 것은 아주 많다. 그와 같은 규칙은 한번 이해하면 좀처럼 잊히지 않는다. 처음 구체적인 예를 통해서 '규칙'을 이해할 때는 일반화한 '규칙'도 이해할 수 있는 것으로 배우는 것이 중요하다.

　사다리 타기의 규칙을 모르는 아이들에게 그 규칙을 가르쳐 주는 장면을 예로 들어보겠다. 당연히 세로로 몇 개의 줄을 긋고, 그 세로줄 사이에 가로줄도 몇 개 그은 다음 구체적으로 위에서 선을 따라가며 규칙을 설명할 것이다.

　그때 만약 세로줄이 2개밖에 없는 사다리라면 가로줄에 부딪

칠 때마다 왼쪽과 오른쪽을 왕복하기만 할 것이다. 이것만으로도 세로줄이 여러 개 있는 일반적인 사다리 타기의 규칙을 이해하는 아이도 있을 테지만 대부분의 경우는 그렇지 않다. 그런데 세로줄이 3개인 사다리를 놓고 구체적으로 설명하면 대부분의 아이들은 세로줄이 여러 개 있는 일반적인 사다리 타기도 정확하게 선을 따라갈 수 있게 된다.

사다리 타기의 세로줄 수뿐만 아니라, 각 자연수 1, 2, 3……에 대해서 성립되는 성질을 아이들에게 설명할 때 '3'을 예로 가르치면 대부분은 일반적인 성질까지도 이해하게 된다. 물론 그것은 어른이 그와 같은 개념을 이해할 때도 마찬가지다.

하노이 탑

1883년 프랑스 수학자 루카스(Lucas)에 의해 고안된 문제로, 가운데 기둥을 이용해서 왼쪽 기둥에 놓인 크기가 다른 원판을 오른쪽 기둥으로 옮기는 문제였다. 이때 원판은 한 번에 한 개씩만 옮길 수 있으며, 작은 원판 위에 큰 원판이 놓일 수 없다는 조건이 따른다.

또 다른 예로 '**하노이 탑**'을 들어보기로 하겠다. 우선 규칙을 설명하자면 다음과 같다(그림 참조).

가운데 구멍이 있고 크기가 서로 다른 원반 n개와 그 구멍에 끼울 수 있는 3개의 기둥 A, B, C가 있다. 우선 그 원반 모두를 기둥 A에, 밑에서부터 큰 순서대로 끼워둔다. 한 번에 하나씩만 원반을 이동시켜 모든 원반을 기둥 B로 이동시키는 문제이다. 각 원반은 이동할 때 반드시 A, B, C 중 어느 한 기둥에 끼워야만 한다. 그리고 어떠한 경우에라도 각 원반 위에는 작은 원반만 올려놓을 수 있다.

다음 그림을 보며 설명해 보겠는데 사실 이 하노이 탑은 $2^n - 1$

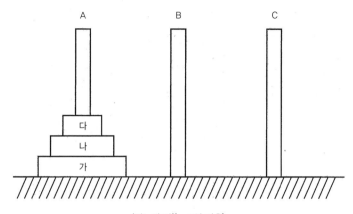

'하노이 탑'(n=3인 경우)

번으로 완성된다. 예를 들어 n이 3일 때에는 2의 n제곱, 즉 2를 세 번 곱해서 8. 거기서 1을 빼면 7. 다시 말해서 원반이 3개인 하노이 탑은 일곱 번이면 완성할 수 있다. 구체적으로 살펴보기 위해 가장 큰 원반을 (가), 다음 크기의 원반을 (나), 가장 작은 원반을 (다)라고 한다면, 첫 번째로 (다)를 B, 두 번째로 (나)를 C, 세 번째로 (다)를 C, 네 번째로 (가)를 B, 다섯 번째로 (다)를 A, 여섯 번째로 (나)를 B, 일곱 번째로 (다)를 B, 이런 순서대로 하나씩 이동시키면 완성된다.

만약 n이 2인 경우라면 어떻게 될까? 2^n-1은 3이 된다. 이 경우 세 번으로 완성할 수 있다는 사실은 금방 알 수 있지만 원반이 2개뿐인 하노이 탑으로는 아무것도 모르는 사람에게 일반적인 하노이 탑을 이해시키기는 쉽지 않다.

한편 수학적 세계에만 빠져 있어 보통 사람들의 생각을 전혀 이해하지 못하는 수학 마니아들은 각 자연수 1, 2, 3……에 대한 성질을 어떤 식으로 다른 사람들에게 설명할까? 한마디로 말하면 일반적으로 성립되는 성질이기 때문에 'n' 등의 문자나 '……'을 많이 사용한다. 예를 들어 사다리 타기를 다른 사람에게 설명할 때는 이런 식으로 한다.

"여기에 n개의 세로선 A(1), A(2), ……, A(n)이 있다. 1≦i≦ n-1을 만족하는 어떤 i에 대해서도 A(i)와 A(i+1) 사이에 가로선을 그을 수 있고……"

처음 설명을 듣는 사람은 그대로 도망쳐버리고 싶을 것이다. 2차원이나 3차원 세계의 도형에 대한 이야기는 생략하고 처음 배우는 사람에게 다짜고짜 n차원 세계의 도형에 대해 얘기하는 사람도 있을 정도다.

'2'만으로 설명하는 방법, '일반화한 n'만으로 설명하는 방법, 이 양극단으로 치닫지 않도록 주의를 기울여야 한다.

'두 자릿수×두 자릿수만 가르치면 된다'는 말도 안 되는 논리

'2'만으로 설명하는 유형의 예로 특히 중요한 문제라 생각되는 것 중 하나가 초등학교에서의 곱셈 지도이다. 새로 개편된 학습지도요강에 당초에는 두 자릿수×두 자릿수까지만 가르치도록 되어 있었다. '304×708'과 같은 계산을 생각해봐도, 두 자릿수×두 자릿수의 곱셈만으로는 충분한 설명을 하지 못하리라는 점은 누구나 알 수 있다.

이 문제에 대해서 나도 신문 등에서 지적한 적이 있고, 그 후 수많은 전문가들로부터 여러 가지 비판의 목소리에 나왔기에 그것을 수용하는 형식으로 '심화 학습'에 세 자릿수×세 자릿수 곱셈이 부활하게 되었다. 그런데 지금도 여전히 "두 자릿수×두 자릿수 곱셈을 이해하면 일반적인 자릿수의 곱셈을 전부 이해할 수 있다"고 주장하는 사람들이 있다는 사실을 이해할 수가 없다. 물론 일선 교사 중에서 그런 주장을 지지하는 분은 거의 없다.

인도의 초등학교 교과서에서는 다섯 자릿수×세 자릿수 곱셈 등을 활발히 다루고 있다. 고등학교의 도형에 있어서도 일본에서는 '2차원'의 평면도형이 중심인데 반해서 인도에서는 '3차원'의 공간도형에 많은 페이지를 할애하여 다루고 있다.

원래 세 자릿수×세 자릿수 계산은 '심화 학습'이라는 일그러진 형태로 부활시킬 것이 아니라 전면적으로 부활시켜야만 한다. 그렇게 하지 않으면 일반적인 자릿수 곱셈의 구조를 잘 이해하지 못한 채 어른이 되어 버리는 아이가 급증할 것이다. 《분수 계산을 못 하는 대학생》이 화제를 불러일으켰는데, 《곱셈을 못 하는 어른들》이라는 책이 서점에 깔리지 않기만을 바랄 뿐이다.

일반론과 구체론 사이의 중간단계에 대한 중요성은 1장 '객관식 문제의 본질적 결함'에서 얘기한 바 있는데 규칙성, 즉 일반성을 이해하는 데 있어서 '2'와 'n' 사이에 있는 '3'에 주목하는 것이 생각의 요령이라는 사실을 반드시 염두에 뒀으면 한다.

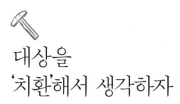

대상을
'치환'해서 생각하자

'코페르니쿠스적 전환'의 특징은
'호환'에 있다

국립천문대의 아가타 히데히코(縣秀彦) 씨가 '태양이 지구 주위를 맴돌고 있다'고 생각하는 초등학교 4~6학년생이 42%나 된다는 충격적인 실태를 발표한 적이 있었다(홋카이도, 나가노, 후쿠이, 오사카의 4개교에서 348명을 대상으로 조사, 2004년 9월). 신문의 취재에 응해서 나도 다음과 같은 말을 했다.

"사물에 흥미나 문제의식을 가지고 원리원칙을 배우며, 시점을 바꿔보기도 하고 논리적으로 생각해보기도 하는 작업이 즐겁고 재미있다고 느끼는 학생들이 많지 않은 것이리라. 과학과 수학 교육은 국가의 초석인데 참으로 걱정스러운 일이다. 어린이의 마음을 움직이는 수업은 전문지식과 인생 경험을 바탕으로 한 가르치는 쪽의 역량과 깊이에서 우러나는 것이다. 아이들의 흥미, 관심, 생각하는 힘을 어떻게 기를 수 있을까 하는 고민을 생략한다면 아무리 수업 양이 늘어도 지식을 일방적으로 전달하기만 하는 '주입식 교육'이 되어버리기 때문에 본질적 해결책은 되지 않을 것이다."

좀 더 충실한 이과 교육을 주장하는 분들의 입장에서는 부실해진 학습지도요강의 수정을 요구하고 싶을 것이다. 수학자 입장에서 천문학과 관련해 말하면 '로그[對數]'의 개념에 대한 학습을 좀 더 강화했으면 한다. 17세가 전반에 발견되어 천문학 발전에 크게 기여한 로그는 인간의 오감을 측정할 때도 반드시 등장한다. 하지만 지금의 고등학교에서는 그것을 이수하는 사람이 매우 적다. '인간의 감각은 주어진 자극의 로그에 비례한다'는 베버 페히너의 법칙은 그다지 알려져 있지 않다. 밑을 10으로 하는 $\log 100 = 2$, $\log 1000 = 3$인데 실제로 100배의 자극에 대해 감각은 2배, 1000배의 자극에 대해서 3배로, 자극이 매우 완화되어 느껴지는 법이다.

한편 일반적으로 '코페르니쿠스적 전환'이라는 것은 천동설을 지동설로 바꾸어 생각한 것이 기원인 것처럼 고정된 대상을 바꾸어 봄으로써 뜻밖의 전개나 발견에 이르는 것을 의미하는 것이리라.

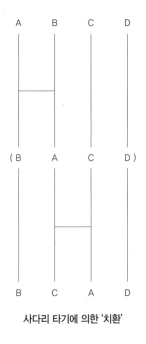

A　B　C　D

(B　A　C　D)

B　C　A　D

사다리 타기에 의한 '치환'

대상이 되는 것을 여러 가지로 바꾸어보는 '치환'의 개념은, 한 언어 속 단어의 자음을 바꾸어 다른 언어와 비교해 보는 등 최근에는 비교언어학 연구에서도 사용되고 있다. 15퍼즐이나 루빅스 큐브 등의 게임도 치환을 사용한 친근한 예라 할 수 있을 것이다. 그리고 '사다리 타기'는 치환의 개념을 이해하기 위한 가장 좋은 교재이다.

n개의 세로줄이 있는 사다리는 줄의 윗부분에 n명의 이름을 쓰고 가로줄 몇 개를 적당히 그으면, 그 n명이 도착하는 아래쪽 장소는 어떤 순열로도 짤 수가 있다. 그것은 옆으로 나란히 늘어선 n명의 어떠한 정렬도 옆에 놓인 2명의 순서를 몇 번인가 바꿈으로 해서 가능하다는 사실을 의미한다. 예를 들어 A-B-C-D라고 늘어서 있는 것을 B-C-A-D로 바꾸려면 가장 먼저 A와 B를 바꾸고 다음으로 A와 C를 바꾸면 되는 것처럼(그림 참조).

이 사실을 통해서도 알 수 있는 것처럼 대상으로 삼은 몇몇 치환의 본질은 대상으로 삼은 것들 중 각 2개씩의 자리바꿈에 있다. 이를 수학용어로는 '호환'이라고 한다. '태양이 지구 주위를 돈다'는 말에서 지구와 태양을 호환함으로써 코페르니쿠스와 갈릴레이는 인류 역사에 영원히 이름을 남기게 되었다. 화학실험에서 시험약을 잘못 넣어 생각지도 못했던 발견을 하게 되었다는 이야기를 들어본 적이 있을 것이다.

'성적이 좋은 학생'과 '평범한 학생'을 호환하면

일상생활에서도 호환은 재미있는 작용을 한다. 셔츠의 앞뒤를 바꿔 입은 사람을 보거나 여장을 한 남자, 남장을 한 여자를 보면 웃음이 나오는 경우가 있다. 스포츠에서도 야구의 타순을 바꾼 경우(치환)나 축구의 포지션을 바꾼 경우(호환)가 효과를 거두는 경우를 흔히 볼 수 있다.

중요한 것은 공부가 됐든 업무에서의 과제가 됐든, 무엇이든 상관없으니 대상이 되는 것의 치환이나 호환 작용을 평소 의식적으로 상상해보는 것이다. 대부분의 경우 하찮은 결과밖에 이끌어내지 못할 것이다. 하지만 때로는 막혀 있던 문제에 돌파구가 보이기도 하고 중요한 사실을 발견하게 되는 계기가 되기도 한다.

'호환'을 통해서 얻은 교육문제에 관한 제언을 하나 해보겠다. '유토리 교육' 도입에 의해 대폭 삭감된 학습내용의 부분적 부활로 등장한 '심화 학습'에 관한 내용이다.

심화 학습은 '스스로' 학습하려는 아이들을 대상으로 한다고 규정되어 있는데 교육행정 담당자에서부터 교사, 학생들에 이르기까지 '심화 학습을 공부하는 학생은 공부를 잘하는 학생'이라는 인식을 가지고 있다. 나는 여기서 '호환'을 작용시키고 싶은 것이다. 다시 말해서 '공부를 잘하는 학생은 심화 학습을 공부할 필요가 없다. 공부에 어려움을 느끼는 학생이야말로 심화 학습을 통해서 확실하게 배워둘 필요가 있다'는 생각이다. 왜냐하면 우수한 학생들은 심화 학습에 담긴 내용은 스스로의 힘으로 발견하거나 이해하는 편이 바람직하며, 평범한 학생들은 심화 학습에 담긴 내용을 누군가가 가르쳐주지 않으면 자신의 것으로 만들기 어렵기 때문이다.

예를 들어 두 자릿수×두 자릿수 곱셈을 배운 것만으로 심화 학습에서 다루고 있는 세 자릿수×세 자릿수 이상의 일반적인 곱셈을 이해할 수 있는 것은 우수한 학생들뿐이다.

또한 우수한 학생들은 심화 학습에서 다루고 있는 사다리꼴의 넓이를 구하는 공식을 외우지 않아도 삼각형의 넓이를 구하는 공식을 이용하여 사다리꼴의 넓이를 구할 수 있다. 하지만 평범한 학생은 '(윗변+아랫변)×높이÷2'라고 공식으로 외우는 편이 좋을 것이다(그 의미를 이해시켜야 한다는 점은 말할 필요도 없을 테지만).

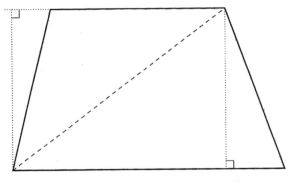

사다리꼴의 넓이를 구하는 법

그림처럼 대각선을 하나 그어 두 개의 삼각형으로 나누면 된다는 사실은 쉽게 생각해낼 수 있는 일이 아니기 때문이다.

'동형(同型)'적 발상이
창조력을 키운다

연극의 세계
수학의 세계

　　　　　　　　수학에는 여러 가지 '세계'가 존재하는
데 그것을 종종 '공간'이라고 부른다. 한 연구자가 공간 A에서 성
질 Q를 이끌어낼 수 없을까 생각했으나 한계를 느낄 때면 곧잘
다음과 같은 시도를 한다. 그것은 성질 Q가 성립된다는 사실이
이미 알려져 있는 공간 B를 찾아내어 공간 B를 규정하는 몇 가
지 규칙에서 어떻게 성질 Q를 이끌어내는가를 조사하는 것이
다. 그리고 거기에 필요한 부분만을 공간 B에서 그대로 공간 A
속으로 복사해 가져올 수 없는지를 생각한다. 그렇게 할 수만 있
다면 필연적으로 공간 A에서도 성질 Q가 성립된다고 말할 수
있게 된다. 이처럼 복사해서 끼워 넣는 것을 수학에서는 흔히

'동형(대응)'이라고 부른다.

위의 예를 통해서도 알 수 있는 것처럼 한 공간에서 본질적인 새로운 발견이 일어나면, 그것은 다른 공간에도 '동형'을 통해서 파급되고 그것이 다시 새로운 발견으로 이어지게 된다.

사람들은 성공을 하기 위해서 여러 가지 시행착오를 겪고 있는데 동형적 발상을 좀 더 활용하는 편이 좋을 듯하다. 다음에 몇 가지 예를 들어보기로 하겠다.

연극에 매료되어 거기로 빠져 들어가는 사람들은 어느 세상에나 반드시 있다. 그리고 그 세계의 아름다움에 감동하면 더욱 고차원적인 아름다움을 탐구하기 위해 정열을 쏟아 붓게 되는 모양이다.

그런데 극단에서 받는 월급으로 생활을 꾸려갈 수 있는 사람들은 한정되어 있으며 대부분은 여러 가지 아르바이트를 하고 있다. 나는 이러한 연극 세계에서 살아가는 순수한 젊은이들이 좋아서 곧잘 응원을 보내곤 하는데 수학 세계와 '동형'을 이루고 있기 때문일지도 모르겠다. 어째서 그런지 위의 글에 '연극' 대신 '수학'을 대응시켜보기로 하겠다.

'수학에 매료되어 거기로 빠져 들어가는 사람들은 어느 세상에나 반드시 있다. 그리고 그 세계의 아름다움에 감동하면 더욱 고차원적인 아름다움을 탐구하기 위해 정열을 쏟아 붓게 되는 모양이다.'

그런데 아무런 일도 하지 않고 가산을 탕진해가면서까지 역사적으로 유명한 난제의 해결에 도전하다 인생을 마치고 마는 수학 마니아는 오늘날에도 적잖이 존재한다. 틀림없이 수많은 마니아들이 도전했던 '4색 문제(어떤 지도에나 4색으로 칠하는 것이 가능)'나 '페르마의 예상(n이 3이상의 정수일 때, $x^n+y^n=z^n$이 되는 1이상의 정수 x, y, z는 존재하지 않는다)'이 20세기 후반에 풀린 경우도 있으나, 아직 '쌍둥이소수 문제(3과 5, 5와 7, 11과 13, 17과 19…… 등과 같이 차가 2인 소수 조합은 무한개 있을까?)'라는 수학 마니아가 주목하고 있는 문제가 미해결로 남아 있기에 그것을 '풀었다'는 편지가 해마다 1통 정도는 내게 온다. 하지만 증명의 첫 부분을 약간 읽기만 해도 바로 근본적인 오류가 발견되는 것들뿐이라 안타까울 따름이다.

거품의 구조,
종합건설회사의 구조

한편 1990년대 전반까지 일본의 수학계는 극히 내향적이었다. 고등학교 수학 교사가 학생들에게 "너희의 대부분은 대수곡선이나 삼각함수의 아름다움을 알지 못할 거야. 그 아름다움을 알고 싶다면 필사적으로 공부해야 돼"라는 식으로 말하는 장면이 끊이지 않을 정도였다. 학생들 입장에서 보자면 "무슨 뚱딴지 같은 소리야. 차라리 피카소의 그림이 낫겠다"고 생각하게 될지도 모른다. 수학의 전문분야에 있어서도 미국에서는 응용수학이 높은 평가를 얻고 있었으나 일본에서는 별로 높은 평가를 얻지 못했다.

게다가 '수학은 단순한 계산 기술이기 때문에 계산기가 발달한 오늘날에는 할 필요가 없다'거나 '수학은 이공계 학문의 기초이기 때문에 문과 쪽 학문이나 실생활에는 쓸모가 없다'는 오해와 폭언에 더해서 '학원 드라마의 악역은 반드시 수학교사'라는 등의 시각적인 면에서의 '공격'도 있었기에 1990년대 전반에 일본의 수학은 고사 직전에까지 내몰려 있었다.

그런데 1994년에 '수학 교육의 위기를 호소한다'는 심포지엄이 가쿠슈인 대학에서 성대하게 개최된 이후, 수학 관계자가 다른 세상을 향해 일제히 신호를 보내기 시작했다. 예전에는 수학 교양서를 쓰는 사람을 그다지 높게 평가하지 않던 수학자들도 돌변하여 좋은 평가를 내리기 시작했다. 그리고 수학의 재미에 대해 중학교나 고등학교로 '위탁수업'을 하러 가는 수학자도 급증하기 시작했다.

1990년대 후반 금융파생상품의 거래에서 일본 금융법인이 외국의 금융법인에게 철저하게 뒤쳐져서 큰 손실을 기록했는데 '그 배경에는 수학력이 있다'는 사실이 널리 인식되었다. 그래서 2000년대에 들어서는 수학에 대한 세상의 관심에도 극적인 변화가 일어났다. 예를 들어 서점에서 수학 관련서적이 차지하던 면적의 비율이 1990년대까지는 감소 추세에 있었으나 2000년대 전반에는 '수학 관련서적 붐'이 일었으며, 문과 계통의 사람들까지도 수학서적 코너를 찾게 되었다. 또한 수학 교육에서 소수(少數) 정원의 필요성이 인식되었기에, 2004년에는 도쿄의 중고등학교 수학교사 채용 숫자가 급증했으며 다른 지방에서도 그런 현상이 일어났다.

그러니 연극계에 있는 사람들도 동형적 발상을 적용하여 다른 세계를 향해 신호를 보내보는 것은 어떨까? 예를 들어 수학 세계에서는 '일상생활과 수학'을 키워드로 삼아 10년 동안 다루어왔는데 동형적 발상을 이용하여 '일상생활과 연극'을 키워드로 연극계의 매력을 외부를 향해 홍보하는 것이다. 온힘을 다 쏟아 붓는다면 몇 년 뒤에는 커다란 변화가 일어날 것이다.

사회문제에도 '동형적 발상'을 응용해보자.

거품경제의 구조와 종합건설회사의 구조도 동형이었다고 볼 수 있을 것이다. 거품경제는, 모델화해서 보면 다음과 같이 해서 일어난 것이다(0.9를 차례로 곱해나간다는 점에 주목). 10억 엔짜리 토지를 담보로 대출을 받아 9억 엔짜리 토지를 구입하고, 그 토지를 담보로 해서 8.1억 엔짜리 토지를 구입하고 그 토지를 담보로 해서 7.29억 엔짜리 토지를 구입하고……. 그것을 한없이 되풀이하면 급수의 계산에 의해서 합계 약 100억 엔짜리 토지를 소유할 수 있게 된다.

한편 종합건설회사의 모회사는 10억 엔짜리 일을 수주 받아 그것을 자회사에 9억 엔에 통째로 넘기고, 그것을 다시 자회사에 8.1억 엔에 통째로 넘기고……. 이것을 한없이 되풀이하면 그룹의 총매출액은 합계 약 100억 엔이 된다.

이러한 수법의 취약성은 불을 보듯 훤하다.

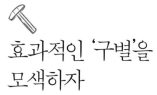

효과적인 '구별'을
모색하자

기존의 '구별'에
너무 얽매이지는 않은가

일본인의 혈액형은 A형이 38%, O형이 31%, B형이 22%, AB형이 9%다. 또한 Rh+가 99.5%, Rh-가 0.5%다. 수혈을 할 때면 당연히 그런 사항들을 체크하는데, 일본에서는 혈액형을 성격 분석에 활용하는 것이 왜 그렇게도 끈질기게 인기가 있는지 신기하다는 생각마저 든다.

텔레비전, 잡지, 일상 대화 등에서 학술적인 특징이 부여되지 않은 것에 대해 마치 특징이 부여되어 있는 것처럼 얘기하는 것을 자주 볼 수 있다. 그것을 냉정하게 바라보고 있자면, 효과적인 '구별'을 모색하는 것이 그렇게도 싫을까 하는 생각이 든다. 원래 성격을 분석하는 데는, 성장 환경까지 고려해서, 형제 구성

쪽이 훨씬 더 납득이 가는 부분이 있다.

해마다 대학생들의 취직에 관한 뉴스도 마찬가지여서, 남학생과 여학생 두 가지로만 구별하여 보도하는 것이 대부분이다. 왜 전공별, 학부에 따른 구별, 지역에 따른 구별 등 좀 더 다양하게 종류에 따른 구별에 의한 조사 보도는 없는 건지 늘 이상히 여기고 있다. 실제로 내가 가쿠슈인 대학 수학과의 조교로 있던 무렵에는 남녀 고용기회 균등법이 제정되기 전이었으나, 수업을 담당했던 수학과 학생들에 한해서 보자면 여자가 남자보다 압도적으로 취직 상황이 좋았다. 또한 조사이(城西) 대학에 재직하던 무렵, 약학부의 4학년생들만은 취직 걱정 없이 매일 연구실에 다니던 것을 기억하고 있다.

원래 '구별'은 대상으로 삼은 것 전부를 몇 가지로 분류하는 것이기 때문에 그 분류법에 의한 설명이 효과적인 것이 되지 못한다면 의미가 없다. 수학 세계에서는 '동치류(同値類)'로 분류하여 생각하는 작업을 흔히 행하는데 어떤 상황에 대한 설명 가운데서 가장 효과적인 '구별'을 하고 있는 것이다.

예를 들어 요일에 대한 계산에서는 7로 나눈 나머지에 따라서 날짜 전체를 일곱 가지로 나누어 생각하면 효과적이다. 이 경우에는 7로 나누어 나머지가 같은 날짜끼리를 '동치'라고 생각하는 것이다. 구체적으로 1월은 31일까지 있으니 31을 7로 나누면 나머지는 3이 된다. 따라서 1월과 2월의 같은 날짜를 비교해보면, 요일에 있어서는 2월이 3일 늦다는 사실을 알 수 있다. 마찬가지로 생각해보면 3월은(윤년이 아니라면) 0일, 4월은 3일 늦고, 5월은 2일, 6월은 3일, 7월은 2일, 8월과 9월은 각각 3일, 10월은 2일 늦어진다는 사실을 알 수 있다. 이것을 더해보면 1월을 기준으로 하여 2월, 3월……, 10월은 각각 3, 6, 1, 4, 6, 2, 5, 0씩 늦어지게 된다. 즉, (이것은 윤년에도 마찬가지인데) 매월 같은 날, 예를 들어서 13일에 주목해보자면 1월부터 10월까지의 13일이 무슨 요일(나머지 0~6까지의 7가지 경우)인지를 알 수 있다. 따라서 1월부터 10월 사이에는 반드시 '13일의 금요일'이 들어 있게 된다. 만약 자신이 태어난 날의 요일을 알고 싶다면 올해 생일까지의 총 일수를 계산한 뒤 7로 나누어 나머지 일수만큼 요일을 거슬러 올라가면 간단히 알 수 있다.

여기서 혈액형 성격 분석이나 대학생 취직 보도와는 달리 효과적인 '구별'을 찾아내어 활용하고 있는 예를 하나 들어보기로 하겠다. 그것은 수학의 학습 성취도에 따른 수업이다.

모름지기 수학은 개개인의 이해도에 커다란 차이가 있는 과목이다. 중학생이라 할지라도 고교 수학 전반에 대해 확실하게 이해하고 있는 사람도 있는가 하면, 대학생이라 할지라도 초등학교의 분수 계산조차 제대로 하지 못하는 사람들이 적지 않다. 이런 상황임에도 불구하고 일본의 교육은 지금까지 '학년별'이라는 '구별'을 고수해왔다. 일부 학생들에게는 따분해서 견딜 수 없는 수학 수업도, 일부 학생에게는 도저히 이해할 수 없는 내용이다. 그런 수업을 계속해왔으니 상당수 학생들이 그저 조용히 앉아서 시간만 보냈을 것임에 틀림없다.

1990년대 중반, 내가 수학 계몽활동을 시작했을 때만 해도 수학의 학습 성취도에 따른 수업 전개를 주장하는 데 상당한 용기가 필요했다. 그것은 "능력별 수업이 차별을 가져온다"고 주장하는 사람들을 적으로 만드는 일이었을 뿐만 아니라, 학년제나 학급 정원을 무너뜨림으로 해서 교육의 자유화가 촉진되는 것에 반대하는 입장에 있는 교육행정 담당자들까지도 적으로 만드는 일이기 때문이었다. 그런데 지금은 '이해하고 있는 내용별'이라는 적극적인 구별을 시행하고 있다.

수학은 체육과 마찬가지로 각자의 능력에 따라서 즐겁게 도움이 되도록 익히면 되는 것이다. 사실은 이 '즐거움'이 무엇보다 중요한 것으로 학습에 관한 국제 비교조사가 있을 때마다 지적되고 있음에도 계속 경시되어 왔다. 따라서 '성취도별'로 지도를 해서 즐거움을 느낄 수 있는 수업으로 만들어나갔으면 하는 바람이다.

'구별'은 비즈니스 세계에서도 마케팅이나 조직구성 등에 없어서는 안 될 것인데 고정화되어 있지는 않은지, 효과적인 것인지 다시 한 번 생각해볼 필요가 있을 것이다.

'경우에 따른 분류'로
과제의 핵심에 접근하자

중요한 검토 과제로
범위를 좁혀라

산에 올라간 등산객과의 연락이 끊겨 조난의 가능성이 높아졌을 때, 관계자는 여러 가지 경우를 상정하여 검토하게 될 것이다. 길을 잃은 경우, 병에 걸린 경우, 눈사태 등의 자연재해에 휩싸인 경우 등. 물론 가지고 간 장비의 내용을 확인하는 것도 중요한 일이다.

등산로가 5군데 있는데 그 가운데 3군데에 대해서는 나중에 입산한 등산객들의 정보를 통해 문제가 없다는 결론에 도달했다면 나머지 2군데를 검토하면 된다. 이처럼 '경우에 따른 분류'로 중요한 검토 과제의 범위를 좁혀갈 수 있다. 물론 다른 검토 과제를 통해서 범위를 좁히는 방법도 당연히 있을 것이다.

여기서 주의해야 할 점은, 몇몇 검토 과제는 내용이 서로 겹치는 경우가 흔히 있다는 사실이다. 그 점이 '구별'과는 근본적으로 다르다. 또한 몇몇 검토 과제를 통해서 이끌어낸 남은 검토 과제는 범위가 좁혀져 있는 것이 일반적이다.

　수학 세계에서 한 예를 들자면, 정수 n에 대해서 n이 2의 배수인 경우를 해결하고, n이 3의 배수인 경우도 해결했다면 이제 해결해야 할 검토 과제는 n을 6으로 나누었을 때 나머지가 1이나 5가 되는 경우뿐이다(나머지가 0, 2, 4인 n은 2의 배수, 나머지가 3인 경우는 3의 배수). 말할 필요도 없이 일반 정수 n인 채로 논의를 전개하는 것보다는 6으로 나누면 나머지가 1이나 5라는 조건이 있는 편이 더 다루기 쉽다. 단, 수학의 세계에서는 검토 과제를 좁히는 것이 역효과를 내는 경우도 가끔 있다. 예를 들어 범위를 좁히지 않았다면 수학적 귀납법 등과 같은 일반론의 전개를 통해 해결할 수 있는 문제를, 범위를 좁혔기 때문에 수학적 귀납법을 사용하기 어려워지는 등의 경우가 있다.

　참고로 수학적 귀납법이란 모든 정(正)의 정수 n에 관해서 성립되는 성질을 나타내는 증명법으로, n=1일 때 그 성질을 나타낸 뒤 다음으로 n=k일 때의 성질이 성립한다고 가정한다면, n=k+1일 때도 그 성질이 성립한다는 사실을 나타내는 것이다. 이 증명법을 사용할 때 쓸데없이 범위를 좁히는 조건이 붙어 있으면 매번 그것을 붙여야 하기 때문에 오히려 논의에 방해가 되는 경우가 있다.

명쾌한 해결에
이르지 못한다 할지라도

한편, '구별'은 특징을 선명하게 부각시킬 수 있는 것을 단번에 포착하는 것과 같은 작업으로 '어떻게 구별하면 좋을까' 생각하는 데 시행착오의 열쇠가 있다. 혈액형이냐, 형제 구성이냐, 출신지냐, 좋아하는 과목이냐 하는 식으로.

한편 '경우에 따른 분류'는 몇 가지의 경우에 따른 분류를 교차시켜가며 검토 과제의 핵심으로 다가가는 것이 일반적인데, 여러 가지 경우를 찾아내서 생각하는 데 시행착오의 열쇠가 있다. 따라서 여러 시행착오를 거친 후에는 '경우에 따른 분류'를 다시 정리하게 된다. 예를 들어서 범죄수사를 할 때, 목격자 정보를 통해서 범인은 중년 남성, 협박 전화의 목소리를 통해서도 범인은 남성, 유류품을 통해서 범인의 스웨터 색은 갈색, 이상과 같은 사실을 알아냈다면 범인은 '갈색 스웨터를 입은 중년 남성'이라고 정리하게 된다.

물론 '구별'도 일종의 '경우에 따른 분류'이기 때문에 분명히 경우에 따른 분류도 당연히 존재한다. 수학의 세계에서 그 예가 될 만한 논의를 하나 들어보도록 하겠다.

3과 5와 7은 소수다. 소수란 1과 자신 이외로는 나눌 수 없는

2 이상의 정수를 말한다. 한편 앞의 '동형적 발상이 창조력을 키운다'에서 이야기한 '쌍둥이소수'에 비견해서 말하자면 '3, 5, 7'은 '세쌍둥이 소수'라고도 부를 수 있을 것이다. 이 '세쌍둥이 소수'는 그 외에도 존재할까?

n이 3을 제외한 2 이상의 정수일 때 정수 전체를 셋으로 나누어 하나는 3으로 나누어떨어지는 정수 A, 두 번째는 3으로 나누면 나머지가 1인 정수 B, 세 번째는 3으로 나누면 나머지가 2인 정수 C라고 하자. 만약 n이 A에 속한다면 n은 3의 배수가 되기 때문에 소수라고 할 수 없으며, 만약 n이 B에 속한다면 n+2는 3의 배수가 되니 소수가 아니며, 만약 n이 C에 속한다면 n+4는 3의 배수가 되니 소수가 아니다. 따라서 n과 n+2와 n+4가 전부 소수가 되는 것은 n이 3일 때뿐이다.

위의 증명이나 수사 드라마를 보면 경우에 따른 분류에 의해서 한편으로는 증명이 완성되며, 한편으로는 시간 안에 범인을 잡게 된다. 그러나 실제로는 해명이 안 되는 난해한 부분을 더욱 부각시키거나, 범인의 주변을 맴돌기만 할 뿐 그 핵심 부분에 접근할 단서가 없는 경우도 많다. 하지만 그런 단계에서 늘 포기하기만 한다면 본질적인 해결을 체험할 수는 없을 것이다.

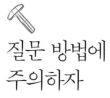

질문 방법에
주의하자

선택지로 나누는
질문의 문제점

여러 가지 조사 과정에서는 타인에게 '질문'을 하는 경우가 많다. 사실은 이 '질문' 자체가 모순을 포함하고 있거나 모순은 없지만 특정 결과를 유도케 하는 경우도 적지 않다. 어쨌든 왜곡된 결과를 초래하는 것이니 그와 같은 질문에는 주의를 해야 한다.

우선 질문 자체에 모순이 포함되어 있는 경우를 생각해보자. 주의해야 할 것은 답변을 몇 개의 선택지로 나눌 경우이다. 답변하고 싶은 내용이 선택지 가운데 없으면 질문은 의미를 잃고 만다. 예를 들어 혈액형으로 성격을 분류하는 것에 혐오감을 품고 있는 사람에게 "당신은 어떤 혈액형을 가진 사람과 마음이 잘

맞습니까?"라고 질문한 경우가 그렇다. '기타'라는 선택지를 흔히 볼 수 있는데 그것은 이와 같은 경우에 대한 대비책으로 생각해낸 것이리라.

게다가 애초부터 선택지로 나누는 것 자체가 부적절함에도 불구하고 억지로 나누어 질문하는 경우도 많다. 선택지가 2개뿐인 yes/no형 질문을 생각해보기로 하겠다.

"당신은 외국에 가보신 적이 있으십니까?", 혹은 "당신은 지금 1만 엔 이상의 현금을 가지고 계십니까?"와 같은 질문이라면 yes/no로 대답할 수 있다. 그런데 구구단은 외우고 있으나 두 자릿수끼리의 곱셈은 아직 서툰 아이에게 "너는 곱하기를 할 줄 아니, 모르니? 어느 쪽이지? 어느 쪽인지 답해봐"라고 묻거나 그 남성의 외모는 마음에 들지 않으나 그 외의 모든 점은 좋다고 생각하고 있는 여성에게 "당신은 저를 좋아하나요, 싫어하나요? 어느 쪽이죠? 어느 쪽인지 대답해보세요"라고 물으면 상대방은 어떻게 대답해야 좋을지 모를 것이다. 사실은 "구구단은 할 줄 알지만 곱셈에 10보다 큰 수가 나오면 못할 때도 있어요"라거나, "맥주를 너무 많이 마셔서 허리가 39인치를 넘는 점은 약간 별로예요. 하지만 그 외의 점은 전부 좋아요"라고 대답하고 싶은 경우 등이다.

오늘날 아이들의 표현 능력과 설명 능력이 떨어지기 시작했다는 사실이 학력 조사를 비롯해 곳곳에서 지적되고 있다는 점을 생각해보면 아이들에게는 가능한 한 설명을 요구하는 질문을 던졌으면 하는 바람이다. 틀림없이 선택지 유형의 질문이 집계할 때는 편리하다. 하지만 '마음의 문제'를 중요하게 생각해야 할 입장에 있는 사람들까지 선택지 유형의 질문(앙케트)만 하는 듯해서 안타깝기 짝이 없다.

보이지 않는
'유도 질문'에 주의하자

'대답을 유도하는 듯한 질문'에는 질문 자체에 답을 유도하는 부분이 있는 경우, 그리고 질문 자체에는 아니지만 유도하는 듯한 분위기를 만드는 경우가 있다.

전자의 예를 들면, 세계 곳곳에서 일본의 경기 부양책을 기대하고 있는 상황을 설명한 뒤 다시 공공사업의 필요성을 질문하는 경우와, 일본의 국채와 지방채의 잔액을 설명한 뒤 다시 공공사업의 필요성을 질문하는 경우를 생각해보면 될 것이다.

이와 같은 유도질문을 한다면 나중에 비판받을 것은 불을 보듯 뻔한 일이다. 왜냐하면 질문 자체는 기본적으로 공개되는 것이기 때문이다.

더욱 좋지 않은 것은 후자, 즉 질문의 내용과 그 방법(면접, 기명 혹은 무기명의 조사표, 전화 등)만 봐서는 유도질문인지 아닌지 알 수 없는 경우다.

우선 한 도시에서 인기 있는 사람인 A와 세계적 스타 B에 대한 질문을 상정해보기로 하자. 먼저 "A는 멋있다고 생각하십니까?"라고 물은 뒤, 다음으로 "B는 멋있다고 생각하십니까?"라고 물었다고 하자. 그런데 만약 그 순서를 바꾸면 어떻게 될까? 틀림없이 A에 대해서는 좋지 않은 답이 나올 것이다. 하지만 결과를 공개하는 단계에서 그 순서까지는 밝히지 않는 것이 일반적이다.

　다음으로 교실에서 교사가 학생들에게 수학에 대한 솔직한 생각을 질문하는 경우를 생각해보자. 질문을 면접에 의한 방법으로 한다면 틀림없이 결과가 크게 바뀔 것이다. 그런 이유로 무기명에 의한 설문지를 이용했다고 해보자. 하지만 그것도 역시 설문지를 나누어준 교사의 과목이 수학이냐 아니냐에 따라서 결과가 크게 바뀔 것이다. 주위에 신경 쓰이는 사람이 있느냐 없느냐 하는 것은 중요한 문제지만 결과를 공개할 때는 단지 '무기명에 의한 조사표'라고만 말한다.

　면접 방법으로 질문을 한 경우, 질문에 어느 정도 시간을 들였는가 하는 점도 결과를 분석할 때나 공개할 때에는 밝히지 않는 것이 일반적이다. 하지만 질문의 소요 시간도 역시 대답을 결정하는 중요한 요인이 될 수도 있다. 예를 들어 성격이 급한 사람에게 오랜 시간을 들여서 질문을 하면 대충대충 대답하는 경우가 아주 많다.

이처럼 왜곡된 조사 결과를 얻지 않기 위해서는 질문 내용과 질문 방법만으로는 쉽게 파악이 안 되는 '보이지 않는 유도질문'에 특히 주의를 기울일 필요가 있다.

마지막으로 앙케트 결과를 특히 전체로써 사용할 경우, 각각의 결과를 보지 않고 전체의 결과만을 부각시키지 않도록 주의해야 한다. 성과주의 임금제도나 지자체 합병과 같은 문제를 보면 알 수 있는 것처럼 개개의 문제를 돌아보는 것도 잊어서는 안 된다.

한편 통계조사 결과를 설명할 때는 '데이터 개수'도 중요한데 그에 대해서는 뒤에서 자세히 얘기하겠다.

기대치는 로또를 위해서
존재하는 것이 아니다

마쓰이 선수의
'기대치'는 약 13점

독자의 대부분은 고등학교 수학에서 확률을 배운 뒤 그에 대한 응용으로 '기대치'를 배웠을 것이다. 그런데 그 내용을 보면 '기대치는 곧 로또 복권, 복권은 곧 기대치'라고 말할 수 있을 정도로 복권에 대한 것들뿐이다. 게다가 진짜 복권에 비하면 별 느낌도 없는 가상의 것들뿐이다. 이런 내용으로 "수학에 대한 흥미와 관심이 커졌습니다"라고 말할 고등학생이 나타나리라고는 생각하지 않는다.

1990년대 후반, 미국의 한 학교에서 '기대치'를 둘러싸고 큰 문제가 일어났다. 수학 교사가 '살인'을 기대치의 한 교재로 사용했고, 있을 수 없는 내용이라며 화난 학부모들이 학교로 몰려가

커다란 소동이 벌어진 것이다. 단, 살인은 매우 불리한 선택이라는 사실을 기대치를 통해서 가르치고 싶었던 것이기에 심정적으로는 그 교사를 변호해주고 싶은 면도 있기는 하다.

이처럼 기대치에 대한 수업만 봐도 일본과 미국 사이에는 큰 차이가 있다. 그리고 야구의 본고장인 미국에서는 오래 전부터 아주 당연하다는 듯이 기대치를 활용해 야구를 연구해왔다.

일본의 고등학교에서는 숫자를 가로 2개, 세로 2개, 합계 4개를 늘어놓은 2행 2열의 행렬이 등장한다. 예전에는 1차 변환이라는 응용을 다루었기에 그 나름대로 의미가 있었지만 '유토리 교육'의 영향으로 지금은 그것도 다루지 않고 있다. 결국 학생들은 의미를 알 수 없는 2행 2열의 행렬끼리의 곱셈만을 배우고 마는 셈이다.

행렬 가운데는 '추이확률행렬'이라는 것이 있는데, 어떤 상태에서 다음 상태로 옮아가는 모습을 분석할 때 이용한다.

야구의 아웃카운트는 0, 1, 2의 세 종류다. 또한 출루 상황은, 주자가 없는 상황에서부터 만루까지 총 8종류다. 따라서 야구의 각 타자는 24종류의 상태 중 어떤 하나의 상태에서 타석에 들어서게 된다. 그리고 각 타자에 대응하는 24행 24열의 추이확률행렬을 주로 사용하여 1번에서부터 9번까지 동일한 타자가 친다면 9회까지 몇 점을 얻을 수 있는지 구할 수 있게 된다. 이 '기대치'를 'OERA치'라고 하는데 1977년에 미국에서 발행되고 있는 〈Operations Research〉라는 연구지에 발표되었다. 이후부터 야구의 수학적 연구가 비약적으로 발전한 듯한 느낌이다.

참고로 요미우리에서 양키스로 이적한 마쓰이 선수가 요미우리 시절에 가장 좋은 활약을 펼쳤던 해의 데이터를 사용해보면, 마쓰이의 OERA치는 약 13점이라는 사실을 대학원생과 함께 계산한 적이 있었다. 다시 말해서 1번부터 9번까지 마쓰이가 포진하면 9회까지 약 13점을 득점한다고 예측할 수 있는 것이다. 당연히 OERA치를 이용한 타자 평가가 지금도 시행되고 있으며, 투수를 평가하는 'DERA치'도 있다.

고등학교의 기대치를 다루는 수학 수업에서 OERA치와 같은 얘기를 그 개략만이라도 소개한다면 학생들의 '기대치'에 대한 기대도 상당히 달라지지 않을까 싶다. 예전에 '기대치를 통해서 본 소개팅의 좋은 방법'이라는 것이 화제가 되었다는 사실에서도 알 수 있는 것처럼 기대치는 모든 분야를 대상으로 한다. 다시 말해서 기대치는 비즈니스와 경제 분석 등을 비롯해 여러 분야에 도움이 된다.

하지만 한 가지 지적해두어야 할 과제도 있다. 예를 들어서 OERA치를 구할 때, 단타라도 2루 주자는 반드시 홈에 들어오게 되어 있고, 더블플레이는 고려하지 않는 등 모델화하는 단계에서 약간은 억지스러운 방법을 인정할 수밖에 없다는 점이다. 이처럼 모델화에 의한 오차는 어쩔 수 없는 일이지만, 온갖 분야를 대상으로 삼고 있는 만큼 그 오차가 의외로 커지는 경우도 있다. 따라서 기대치를 응용할 때는 특히 모델화의 규칙을 반드시 명기해야 할 것이다.

자영업 등의 작은 비즈니스 세계에서는 아직도 직감으로 물건의 매입량을 결정하거나 아르바이트 인원수를 계획하는 경우가 있다. 하지만 매입한 상품 1개에 대해서 그것이 팔렸을 때의 이익과 팔리지 않았을 때의 손실은 바로 알 수 있다. 또한 판매 수량에 대해서는 반올림해서 60개를 팔 확률, 70개를 팔 확률, 80개를 팔 확률, 90개를 팔 확률을 생각하면 된다고 할 때, 그 각각이 팔릴 확률은 예전의 데이터를 통해서 구할 수 있다. 따라서 개수가 10개 단위라고 한다면 60개 매입했을 때의 기대치, 70개 매입했을 때의 기대치, 80개 매입했을 때의 기대치, 90개 매입했을 때의 기대치를 각각 구할 수 있기 때문에 이익이 가장 커지는 매입 개수를 산출할 수 있다. 같은 방법으로 아르바이트의 숫자를 계획할 수 있다는 점도 이해할 수 있을 것이다.

'여기에 10개의 복권이 있습니다. 1등은 천 엔으로 1개, 2등은 500엔으로 2개, 그 외는 꽝입니다. 하나를 뽑았을 때의 기대치는 200원이 됩니다'와 같은 문제밖에 배우지 못하는 일본의 고교생은 참으로 불쌍하다.

부지런히
데이터를 수집하자

데이터 수를 늘리면
어떤 특징이 보이기 시작한다

교육 완구를 움직여보거나 신제품 개발을 위해 여러 가지 시제품을 만들어보는 것은 두말할 필요도 없이 '시행착오' 중 하나지만, 실험처럼 굳이 손발을 직접 움직이지 않고도 '시행착오'를 경험할 수 있는 방법 또한 여러 가지가 있다. 그 대상이 하나인 경우에 대해서, 부지런히 데이터를 수집할 것을 권하고 싶다. 한편 2개 이상의 것을 대상으로 할 때 그들의 관계를 나타내는 데이터에 대해서는 뒤에서 다시 다루기로 하겠다.

통계 등에서 데이터를 다룰 때 흔히 '유의수준'이라는 말을 사용한다. '(대상으로 삼은 것에는) 유

유의수준(有意水準)
가설 검증을 할 때, 표본에서 얻은 표본통계량이 일정한 기각 영역(rejection area)에 들어갈 확률, 즉 오차 가능성을 말한다. 일반적 연구에서는 유의수준을 α=1%, 2%, 5%, 10% 등으로 정하는 경우가 많다.

의수준 5%로 ○○이라는 성질이 인정 된다'는 말을 풀이하면 '대상으로 삼은 것에 ○○이라는 성질은 인정되지 않는다고 가정한다. 그런데 1년을 단위로 하는 농업실험에서 20년에 한 번, 혹은 어떤 시행(試行)에서 20번에 한 번 일어날까 말까 하는 보기 드문 일이 일어났다. 따라서 대상으로 삼은 것에는 ○○이라는 성질이 인정된다고 생각하자'라는 말이다.

사실은 대상으로 삼는 것 대부분이 데이터의 수를 극단적으로 늘리면 대부분 유의수준 5%에서 어떤 특징을 드러내는 법이다. '정상'이라고 생각되는 주사위나 동전도 엄밀하게 말하면 각 면에 약간의 차이가 있기 때문에 매우 방대한 양의 데이터를 수집하면 어떤 특징이 드러나는 경우가 많다. 단, 어렵게 수집한 데이터에서 어떤 특징을 포착하여 세상에 알리고 싶은 때는 '조건 결정', 즉 유의수준을 기준으로 하여 명확한 논의를 진행해야 할 것이다.

나는 오랜 세월 동안 해온 수학 계몽활동에서 통계수학적인 견해의 재미를 알리기 위해 여러 가지 친근한 데이터에도 주목해왔다. 깔끔하게 정리한 것도 있지만 그렇지 못한 것도 있는데 그 가운데 널리 흥미를 끈 데이터를 소개해 본다. 부지런히 데이터를 모으는 것의 재미를 알아주셨으면 한다.

처음으로 소개할 것은 1990년대 중반에 시작된 '넘버즈 복권(000~999 중 하나의 숫자를 맞히는 〈넘버즈3〉과 0000~9999 중

하나의 숫자를 맞히는 〈넘버즈4〉 두 종류가 있다. _옮긴이)'이다. 그 무렵 수학에 관한 계몽활동을 시작한 나는 한 텔레비전 방송에 출연 의뢰를 받아 넘버즈4의 당첨 숫자와 당첨 금액의 리스트를 면밀히 분석했다. 당시에는 이미 넘버즈 복권에 관한 책도 몇 종 나와 있었는데 그 중에는 확률계산상 약 87%나 되는 사실임에도 불구하고 '전 회에 나온 숫자 중 하나가 다음 회에도 자주 나오는 신기한 성질이 있다'는 등의 하나마나한 내용이 적힌 것도 있어 쓴웃음 지었던 기억이 있다. 그와 같은 책의 내용에 휘둘리지 않도록 리스트를 잘 살펴보고, 전자계산기를 두들겨보기도 했다.

그 결과 예를 들어 1월 23일에는 '0123'이라는 식으로 '날짜와 관계있는 숫자의 당첨금액은 일반적으로 낮다', 반대로 '5, 6, 7, 8, 9만을 중복되게 사용한 숫자인 경우에는 당첨 금액이 일반적으로 높다'는 사실을 알게 되었다. 지금도 가끔 넘버즈4의 당첨 결과를 신문으로 확인하는데 그 경향에는 변함이 없다.

다음으로 소개할 것은 '세 번째'라는 것이다.

사다리 타기를 사용한 퍼포먼스가 있다고 하자. 우선 종이에 세로로 6~7개의 선을 긋는다. 그런 다음 그 줄 상단에 6명(7명)의 이름을 쓰고 하단에 1등에서 6등(7등)까지를 쓴다. 그리고 주위에 있는 사람들에게 누구를 몇 등으로 만들고 싶은지를 물어본 뒤, 원하는 대로 되도록 즉석에서 가로줄을 그어 사다리를 완성하는 것이다.

즐거워하시는 분들이 꽤나 많기에 나는 곧잘 실제로 시범을 해보이곤 하는데 "가장 왼쪽에 계신 분은 몇 등을 하고 싶으십니까?"라고 물으면 무슨 이유에서인지 절반 가까이가 '3등'이라고 대답한다. 1등은 의미가 없기 때문에(가장 왼쪽에 있는 세로줄에 옆줄을 긋지 않으면 되니) 2등에서 6등(7등)까지 정도는 비슷한 비율로 나올 법도 한데 신기하다는 생각이 들어 '세 번째'에 관한 데이터를 여러 가지로 모아보았다. 대학 입시 등의 객관식 형식에 의한 선택문제의 정답도 '세 번째'가 가장 많다는 사실은 앞에서도 얘기한 바 있는데 아무래도 사람들은 '세 번째'를 좋아하는 성질이 있는 듯하다.

또 하나, '가위 바위 보'의 데이터를 수집한 적도 있었다. 수학 문제에서 가위, 바위, 보를 낼 확률은 암묵적으로 $\frac{1}{3}$로 정해져 있으나 실제로는 '경향'이라는 것이 있다. 이에 학생들의 협력을 받아 데이터를 수집해보니 총 1만1567번 가운데 주먹은 4054번, 보자기는 3849번, 가위는 3664번 나왔다. 자세한 내용은 4장 '말보다는 증거를 다시 생각해보자'에서 소개할 테지만 유의 수준 1%에서 사람은 '주먹'을 낼 확률이 높은 셈이다.

문학을
데이터로 해석하자

마지막으로 앞으로 발전 가능성이 있는 과제를 하나 제안하도록 하겠다.

《겐지모노가타리》에는 옛날부터 '겐지모노가타리 54첩(帖)을 전부 무라사키 시키부(紫式部)가 지은 것일까?'하는 의문이 따라다녔다. 특히 잘 알려진 것으로 〈우지(宇治) 10첩〉은 시키부의 딸이 쓴 작품이 아닐까 하는 설이 있다. 이 설을 통계수학적으로 뒷받침한 야스모토 비텐(安本美典) 씨의

겐지모노가타리(源氏物語)
11세기 초, 무라사키 시키부에 의해 정리된 세계에서 가장 오래된 근대적 소설. 당대의 이상적 남성상인 히카루 겐지(光源氏)의 출생과 시련, 그리고 화려했던 삶과 죽음에 이르는 과정을 담고 있다.

연구, 그것을 발전시킨 무라카미 마사카쓰(村上征勝) 씨의 연구를 신문이나 잡지에서도 다룬 덕분에 일본에서도 늦게나마 문장의 계량분석에 대한 관심이 높아졌다. 여기서는 야스모토 씨의 연구 중 눈길을 끄는 부분 두 가지를 소개하도록 하겠다.

〈우지 10첩〉은 전 10권인데, 각 권의 평균 페이지는 54, 표준편차는 23.4임에 반해 다른 44권은 각각 32, 24.2라고 한다. 다시 말해서 〈우지 10첩〉에 장편이 집중되어 있는 것이다. 그리고 그렇게 될 확률은 1% 이하라는 사실을 통계수학의 검정법을 통해서 알 수 있다. 다시 말해서 〈우지 10첩〉이 다른 44권과 평균 페이지 수에 있어서 상당히 다른 특징을 가지고 있다는 사실에, 우연이라고는 생각할 수 없는 무엇인가가 존재한다는 것이다.

그리고 1000글자 당 명사의 사용 빈도에 관해서, 각 권의 평균 사용도와 표준편차를 구해보면 〈우지 10첩〉은 각각 98, 7.7인데 비해서 다른 44권은 각각 104, 11.0이라고 한다. 이렇게 될 확률 역시 1% 이하다.

다시 말해서 〈우지 10첩〉을 무라사키 시키부가 아닌 다른 사람이 썼을 가능성이 높다는 사실을 이 데이터들이 뒷받침하고 있는 것이다.

내가 근무하고 있는 이학 연구과 대학원생들의 몇몇 문예작품 연구에 의하면, 글의 길이는 시대가 흐름에 따라서 점점 짧아지는 경향이 있으며, 구두점 사이의 간격도 짧아지는 경향이 있다고 한다. 또한 컴퓨터를 사용하고 있는 요즘에는 협박장에서 장난 메일에 이르기까지, 예전의 필적 감정을 대신해서 글의 계량분석이 사용되고 있다. **그리코·모리나가 사건** 때의 협박장에 관한 '여러 명의 인물이 쓴 것이 아닐까'하는 추리의 근거도 역시 그에 의한 것이었다.

그리코·모리나가 사건
1984년 과자 회사인 그리코·모리나가 사 제품에 독극물을 넣은 뒤 두 회사를 협박해 금품을 뜯어낸 미제사건

부지런히 데이터를 수집함으로써 아무도 깨닫지 못했던 것을 발견하게 될 가능성이 있으며, 그것이 비즈니스로 이어지는 경우도 있을 것이다. 단, 데이터를 수집할 때는 가능한 한 편견이 개입되지 않도록 주의할 필요가 있다(3장 '질문 방법에 주의하자' 참조).

부지런히
상관도를 그려보자

두 가지의 상관관계를
데이터로 확인하자

'할아버지는 전날 산책 시간이 길면, 아침까지 푹 주무시는 듯하다.' ……①

'뚱뚱한 남성은 날씬한 여성을 좋아하고, 마른 남성은 통통한 여성을 좋아하는 듯하다.' ……②

'특정 상품에 관한 A사와 B사의 전략에는 아무런 관계도 없다.' ……③

'테이블만 있던 가게를 고쳐서 카운터 좌석을 두었더니 손님 한 사람당 매출액의 합계가 오른 듯한 느낌이 든다.' ……④

이처럼 두 가지 대상의 관계가 주목받는 일은 일상에서 흔히 찾아볼 수 있다.

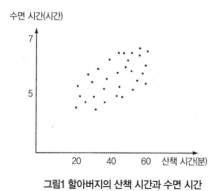

그림1 할아버지의 산책 시간과 수면 시간

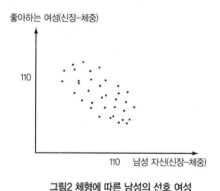

그림2 체형에 따른 남성의 선호 여성

그런데 안타깝게도 대부분의 경우는 거기서 더 발전하지 못하고 단순한 잡담에 그치고 만다. 이번 항목에서는 그 단계에서 한 걸음 더 나아가, 상관도를 활용해서 시각적으로 분석해볼 것을 제안하고자 한다. 두 가지 대상에 대한 여러 상관도를 부지런히 그려봄으로써 뜻밖의 발견을 하게 될지도 모른다. 지금부터 앞의 예문에 대해 구체적으로 살펴보자.

예문 ①에서, 할아버지의 산책 시간과 수면 시간에 대한 데이터를 매일 수집했다고 하자. 그리고 가로축을 산책 시간, 세로축을 수면 시간으로 하여 대응하는 점을 그 그래프 위에 찍어나간다. 만약 그래프가 그림1처럼 오른쪽으로 상승하는 직선을 따라 타원형의 구름 같은 모양을 한다면 '산책 시간이 길어지면 수면시간도 길어진다'는 사실을 확인한 셈이 된다.

예문 ②에서는 말랐는가, 뚱뚱한가를 가령 (신장-체중)의 크고 작음으로 판단하기로 하고, 가능한 한 많은 남성의 (신장-체중)과 그들이 좋아하는 여성의 (신장-체중)을 물어봤다고 하자. 그리고 가로줄을 남성 자신의 (신장-체중)이라고 하고 세로줄을 좋아하는 여성의 (신장-체중)이라고 하여 대응하는 점을 그래프 위에 찍어나간다. 만약 그래프가 그림2와 같은 모양이 된다면 '뚱뚱한 남성은 날씬한 여성을 좋아하고 마른 남성은 통통한 여성을 좋아하는 경향'을 확인한 셈이 된다.

여기서 그림2의 각 점은 예문 ①의 그래프와는 달리 오른쪽으로 하강하는 직선을 따라서 모여 있다. 남성의 체형과 그 남성이 좋아하는 여성의 체형은 상관관계가 있다는 사실을 확인한 셈인데 이러한 경우를 '음의 상관관계'라고 한다. 남성이 뚱뚱할수록 반대로 날씬한 여성을 좋아하는 것을 말한다.

예문 ③에 관해서는 특정 상품에 관한 A사의 매출액과, 그것을 기록했을 당시 그 상품의 B사의 가격을 여러 번에 걸쳐 조사한 것이라고 하자. 그리고 가로축을 A사의 특정 상품에 관한 매출액으로 하고, 세로축을 B사의 그 상품 가격이라고 하여 대응하는 점을 그래프 위에 찍는다. 만약 그림3처럼 각 점이 흩어져 있다면 같은 상품에 대한 A사의 매출액과 B사의 판매가격 사이에는 상관관계가 없는 것이다. 다시 말해서 예문의 지적을 확인한 셈이 되는 것이다(단, 여기서는 B사에 대한 가격전략으로 보

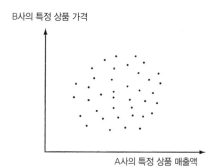

B사의 특정 상품 가격

A사의 특정 상품 매출액

그림3 A사의 매출액과 B사의 판매가격

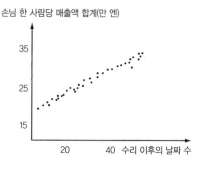

손님 한 사람당 매출액 합계(만 엔)

35

25

15

20   40 수리 이후의 날짜 수

그림4 수리 이후의 손님 한 사람당 매상액

고 있다).

예문 ④에 관해서는 가게 수리 이후의 매출전표를 모두 준비하여 가로축을 수리 이후의 날짜 수, 세로축을 손님 한 사람당 매출액이라 하고 대응하는 점을 그래프 위에 찍은 것이다. 분포가 그림4처럼 되면 '카운터석을 만든 뒤부터 손님 한 사람당 합계 요금이 늘어난 느낌'을 데이터로도 확인한 셈이 된다.

이상으로 두 가지 대상에 대한 상관관계의 유무를 그림으로 확인하는 방법을 이해했으리라 생각된다. 그리고 상관도의 경향을 수치로 특징짓는 것으로 '상관계수'라는 것이 있다. 상관계수의 수치가 무엇을 의미하는지에 대해 간단히 설명하기로 하겠다.

상관계수는 그래프 위의 점들이 어떻게 모여 있는지를 나타내는 수치인데 -1에서 1까지의 수치를 취한다. 상관도(점의 모임)

가 양의 기울기(오른쪽으로 올라감)의 직선에 가까워질수록 그 값은 1에 가깝다. 예문에서 살펴보자면 ①과 ④(그림1, 그림4)가 양인데 ④의 상관계수가 1에 보다 가깝다. 반대로 상관도가 음의 기울기(오른쪽으로 내려감)의 직선에 가까워질수록 상관계수는 -1에 가까워진다. 예문 ②(그림2)가 그에 해당한다는 사실을 알 수 있다. 그리고 대상이 되는 두 가지 내용 사이에 상관관계가 뚜렷하지 않을수록 상관계수는 0에 가까워진다. 예문 ③(그림3)의 상관계수는 0에 가깝다.

아날로그형 숫자,
디지털형 숫자를 다루는 법

아날로그형에서는
'유효 숫자'의 자릿수가 중요하다

원주율은 3.141592……로 끝도 없이 이어지는 숫자다. 새로 개정된 학습지도요강에서 원주율이 주목받게 된 것을 계기로 원주율을 많은 자릿수까지 외우는 아이들이 오히려 늘어난 듯하다. 단, 원주율의 소수점 이하 4번째 숫자인 5를 잘못 외웠다 해도 일반적으로 큰 문제는 없다. 한편 최근 중학 입시의 산수 문제에는 '원주율을 3이라 보고 답하시오'라는 등의 거친 문제들도 눈에 띈다.

원주율뿐만 아니라 시간이나 체중처럼 연속량적인 수를 주로 나타내는 아날로그형 숫자에서는 '유효숫자'의 자릿수가 중요하다는 점은 말할 필요도 없다. 학생 시절에 읽은 《과학의 방법》

에 있던 '유효숫자는 기껏해야 세 자리'라는 인상이 아직도 강하게 남아 있다. 지금은 GPS 측량처럼 유효숫자가 일곱 자리 정도나 되는, 예외적으로 정밀도를 요하는 것도 나타났으나 '유효숫자는 기껏해야 세 자리'라는 말에는 여전히 변함이 없으며 아날로그형 숫자는 상위 두 자리, 기껏해야 세 자리까지만 주의하면 된다.

여담이기는 한데, 학생 시절에 읽었던 책 가운데서 《수학의 일곱 가지 미신》이라는 책도 역시 잊을 수 없는 것 중 하나다. 이 책은 '수학은 계산 기술이다', '수학은 답이 정해진 문제를 푸는 것이다'라는 등의 미신(세상의 수학에 관한 오해)을 깨뜨리는 것을 목적으로 하고 있다. 내 수학 계몽활동의 원점이라고 말할 수도 있는 책으로, 그 책에서 여러 가지 생각을 물려받았는데 요즘 현실에 대해서는 답답함이 느껴지기도 한다.

디지털형은 숫자의 '장소'에 의미가 있다

한편 디지털 시대인 현재에서는 부호화한 숫자라 할 수 있는 이산적(離散的) 디지털형 숫자를 바코드나 통장 계좌번호 등처럼 곳곳에서 볼 수 있다. 먼 우주에서 디지털 동영상을 부호 수치화해서 송신하면 전달 단계에서 일어나는 약간의 오차에 대해서는 수신하는 쪽이 수정하는 능력을 갖추고 있다. 예를 들어 지금으로부터 약 40년 전에 발사된 화성 탐사선 마리너호 역시, 어떤 2개의 부호도 16군데 이상이 서로 다른 0과 1로 이루어진 32자릿수 숫자를 사용했다. 참고로 이러한 경우에는 7군데 이상의 오차에 관해서는 여유를 가지고 수정할 수 있다.

책의 뒤표지 등에 붙어 있는 ISBN 코드는 첫 번째 하이픈 앞까지의 숫자가 국가(일본은 4), 다음 하이픈 앞까지의 숫자가 출판사명(고단샤는 06), 다음 하이픈 앞까지의 숫자가 도서명을 나타내며 마지막 1문자는 체크용 숫자(마지막 문자가 X인 경우는 10)을 의미한다. 이처럼 디지털 수치는 숫자열의 장소에 따라서 전혀 다른 의미를 가지는 경우가 많다. ISBN의 경우, 하나의 숫자를 잘못 읽은 것에 대해서 수정은 하지 못하지만 인식이 가능한 능력은 갖추고 있다. 그 원리를 구체적으로 말하면, 첫 번째 숫자에 1을 곱하고 두 번째 숫자에 2를 곱하고……, 열 번째 숫자에 10을 곱한 뒤 그 10개의 결과를 더한 수는 11의 배수가 된다. 그리고 하나의 문자가 잘못되었을 경우에는 그 합계가 11의 배수가 되지 않는다.

이처럼 디지털형 숫자에 대해서는 각 장소에 따라 숫자가 나타내는 각각의 의미는 무엇인지, 오류에 대해서 어떤 대책이 강구되어 있는지를 확인하는 것이 필요하다. 지금은 디지털화 시대로, 부호이론과 암호이론이 정수(整數) 등을 추상화한 세계의 구조를 다루는 대수학(代數學)의 응용분야로 자리매김하고 있다. 하지만 대수학에 대한 분명한 지식을 가진 젊은이가 적으니 국가 정책으로 그 방면의 연구와 교육에 내실을 기해야 하는 것 아닌가 하는 생각이 든다.

갈루아 이론(Galois theory)
갈루아에 의해 체계화된 대수학(代數學) 이론이다. 고차방정식 문제에서 갈루아는 대수방정식을 대수적으로 풀기 위한 필요하고도 충분한 조건을 얻었다.

5차 이상의 방정식은 답의 공식이 있는 2차 방정식과는 달라서, 일반적으로는 풀 수가 없다. 사실은 어떤 방정식을 풀 수 있고, 어떤 방정식을 풀 수 없는가를 결정하는 '갈루아의 이론'에 '체(體)'라는 개념이 나오는데 그 체 중에서도 유한개의 요소로 이루어진 '유한체'라는 것이 부호이론과 암호이론의 기초가 된다.

그 유한체를 가르치는 대학의 학과는 전국에 60개 정도밖에 없는 수학과(미국에는 약 1500개 학교에 수학과가 있다)와 극히 일부의 공학부 학과뿐이다. 게다가 그 중에서도 기껏해야 10% 정도의 학생들만이 유한체를 배우고 있다.

여러 가지 조사나 설명을 할 때 다루는 숫자가 아날로그형인지 디지털형인지를 우선 확인한 뒤, 각각 주의해야 할 점에 주목하여 작업을 진행하면 좋을 것이다.

예를 들어 범죄에 사용되는 수학을 생각해보면, 상위 세 자릿수까지가 승부의 관건인 아날로그형 수치로는 단서를 잡기 어려우나, 부호화한 디지털형 수치로는 단서를 잡기 쉽다. 그것은 흉기의 길이보다 그 제품번호를 알면 범위를 좁히기 더 쉽다는 사실만 봐도 이해할 수 있는 일이다.

4장

'논리적인 설명'의 열쇠

'논리'를 바탕으로 한 설명
'데이터'를 바탕으로 한 설명

말보다는 '증거'를
다시 생각해보자

　　　　　　각 지방의 산수·수학교사 연수회에 종종 특별강연을 위한 강사로 불려가곤 하는데 어디를 가나 마음에 남는 추억이 생기는 법이다. 후쿠시마 현은 지역에 따라 세 지역으로 나누어 연수회를 하는데 고등학교의 연수회에만도 1년에 두 번 찾아간 적이 있다. 반대로 기후 현에서는 기후 대학 교육학부를 중심으로 하는 초중고의 협업이 다른 현과는 비교도 되지 않을 정도로 잘 이루어지고 있다는 사실에 놀랐다.

　초등학교의 한 연수회에서 "요즘 초등학생들은 6학년이라도 '말보다는 증거'라는 속담을 모르는 학생들이 많습니다"라고 말하는 것을 들었을 때는 복잡한 심경이 들었다. 틀림없이 '조건반사적 암기식' 교육만 받는 아이들에게, 그런 말의 참뜻을 알 기회는 없을지도 모르겠다. 하지만 '설명'에 관해 생각해보면 이 속담은 본질과 관계있는 것이리라. '말'과 '증거'에 대해 굳이 한 항목을 만든 것도 이러한 배경 때문이다.

앞에서도 말한 것처럼 대학 4학년생들의 도움을 받아 '가위바위 보'에 대한 방대한 데이터를 수집한 적이 있었다. 725명이 총 1만1567번(각 20번 이하) 실시한 데이터이다. 결과는 주먹이 4054번, 보자기가 3849번, 가위가 3664번이었다. 이를 바탕으로 '가위 바위 보를 할 때 사람들은 주먹을 가장 많이 내고 가위가 가장 적다'고 말할 수 있다.

이 설명은 '증거'로서의 '데이터'를 바탕으로 한 얘기다.

한편 '인간은 낯선 사람과 대면하면 경계심에서 손을 주먹 쥐는 경향이 있다'는 사실, 그리고 '손 모양을 봐도 가위는 주먹이나 보자기보다 만들기 어렵다'는 사실 등을 바탕으로 '주먹이 가장 많고 가위가 가장 적다'고 말할 수도 있을 듯하다.

이 설명은 '말'로서의 '논리'를 바탕으로 한 이야기다.

이처럼 '설명'에는 '데이터'를 바탕으로 얘기하는 방법과 '논리'를 바탕으로 얘기하는 방법 2가지가 있다.

다른 예를 생각해보자.

주행 중인 자동차가 브레이크를 밟았을 때, 속도와 브레이크를 밟은 뒤의 제동거리의 관계는 포물선 같은 상태를 나타낸다.

자동차 속도(km/h)	0	20	30	40	50	60	70	80	90	100
제동거리(m)	0	9	15	22	32	44	58	76	93	112

속도와 제동거리의 관계

이 사실을 '데이터'와 '논리' 양쪽 입장에서 설명한다면 어떻게 될까?

'데이터'를 바탕으로 설명하는 것은 비교적 간단하다. 예를 들어 일본교통안전협회의 데이터(위의 표 참조)를 활용하여 가로축이 자동차 속도, 세로축이 제동거리인 그래프를 그려보면 포물선이 된다는 사실을 알 수 있다.

한편 '논리'를 바탕으로 한 설명은 고등학교 물리에서 배운 마찰력과 뉴턴의 운동법칙 등과 같은 기본적인 식을 이용하는 것만으로도 제동거리는 속도의 2차식이 됨을 알 수 있다.

여기서 수식을 이용한 설명은 생략하겠지만 '가위 바위 보'의 경향에 관한 설명과 비교해보면 제동거리에 관한 설명에서는 '논리'를 바탕으로 설명하는 편이 보다 더 설득력이 있는 것처럼 느껴진다.

경제학에도 여러 분야가 있는데 수학과 아주 깊은 관계가 있는 것으로는, 통계학을 주로 사용하는 계량경제학과 수리 모델을 주로 사용하는 수리경제학이 각각 한 분야로 확립되어 있다. 계량경제학에서는 '데이터'가 본질이며, 수리경제학에서는 '논리'가 본질을 이루고 있다. 어느 쪽이 더 설득력 있느냐의 문제가 아니다. 설명에 있어서는 '말보다 증거'를 더 중요하게 여겨야 하는 경우도 있고 '증거보다 말'을 더 중히 여겨야 하는 경우도 있는 법이다. 따라서 무엇인가를 설명하려 할 때 '논리'를 바탕으로 할 것인지, '데이터'를 바탕으로 할 것인지, 자신은 어느 쪽 입장에서 설명하려 하는지를 자문한 뒤 설명에 대한 준비를 해야 할 것이다. 물론 양쪽의 입장에서 설명을 하는 것이 가장 좋을 테지만.

마지막으로 '데이터'를 바탕으로 한 설명이 우선하는 예를 들어보기로 하겠다.

후생노동성이 2005년에 발표한 바에 따르면 2003년의 연간 자살자 수는 약 3만2000명으로 1일 평균 자살자 수는 남성이 64.1명, 여성이 23.9명이라고 하며, 요일별로 살펴보면 월요일이 남성 80.7명, 여성 27.3명으로 자살자 수가 눈에 띄게 많다는 사실을 알 수 있다.

이 '월요일 문제'에 대해서는 '즐거우리라 기대했던 주말 계획이 어긋난 데서 온 실망감의 영향'이라는 가설, '작업능률이 가장 오르지 않는 것이 월요일이기 때문'이라는 가설 등 '논리'를 바탕으로 한 설명이 있기는 하지만 설득력 있는 설명처럼 보이지는 않는다. 따라서 자살 문제에 대해 대책다운 대책을 강구하지 못하고 있다.

수식 등을 사용하여 논리를 세울 수 있는 문제가 아닌 이상, 다른 데이터 분석을 하는 방법까지도 포함하여 추론을 거듭해 나가는 것 외에는 방법이 없다. '데이터'와 '논리' 양쪽 모두를 활용해, 조속히 연구하여 밝혀야 할 듯하다.

'가정에서 결론을 이끌어내는 법'과 '전체의 균형'

역(逆)이 반드시
참은 아니다

교사에 따라서 서술식 답안이나 리포트를 읽는 방법이 각각 다른데, 나는 처음부터 세세한 부분까지 읽기 전에 우선 전체를 훑어본다. 그 과정에서 두 가지 점을 체크한다. 하나는 "가정에서 결론을 이끌어내는 문장으로 이루어져 있는가" 하는 점. 또 하나는 "포인트가 되는 '열쇠' 부분과 본질적이지 않은 부분의 균형이 잡혀 있는가" 하는 점이다.

이 두 가지 점은 일반 사회생활에서도 '설명'을 전체적으로 바라보며 체크할 때의 주의점이 되어야 할 부분이다.

두 가지 명제 p와 q에 관해서 p와 q가 같은 값, 즉 'p→q'와 'q→p' 양쪽 모두가 성립되는 경우가 있다. 이러한 경우 실제로는 어느 한쪽의 증명은 쉬우나 다른 한쪽은 증명이 어려운 경우가 대부분이다. 따라서 시험에서는 어려운 쪽의 증명만을 서술하게 하는 경우가 흔히 있다. 이러한 문제의 답안에 쉬운 쪽의 증명, 즉 가정과 결론이 역전된 증명만을 쓴 경우에는 0점 처리할 수밖에 없다.

실제로 대학의 기말시험뿐만 아니라 입학시험에서도 그처럼 '역'만 증명하고 마는 경우를 흔히 볼 수 있다. 채점실에서 "어, 이 답안은 역만을 증명했는데. 이래서는 안 되지"라고 말하는 선생님들의 목소리를 수없이 들어왔다.

대부분의 사람들이 '역이 반드시 참은 아니다'라는 말을 몇 번이고 들은 적이 있을 것이다. 그럼에도 불구하고 다음처럼 잘못된 대화를 종종 듣는 경우가 있어서 안타깝다.

"당신과 이대로 사귀어봐야 내 인생에 좋은 일은 일어날 것 같지 않아."

"너는 왜 좋은 일이 일어나지 않는 것을 늘 내 탓으로 돌리는 거지?"

문제의 '핵심'을 설명하고 있는가

다음으로 균형이 잡히지 않은 답안이나 리포트의 두 가지 예를 들어보겠다.

하나는 '삼각형'의 일반론에 관한 설문임에도 불구하고 '정삼각형'으로 한정하여 해답을 적은 경우로 마지막에 "일반적인 삼각형에서도 이와 같은 증명이 가능하다"라는 등의 말로 얼버무린 것. 다른 하나는 여러 가지 값을 취하는 A와 B에 관해서 A가 B 이상이라는 사실은 분명하며, A와 B가 같아지는 상황에 관한 질문임에도 불구하고 A가 B 이상이 되는 사실에 관한 증명으로 해답란의 대부분을 채워버리는 경우.

전자는 설문의 핵심을 한정하여 푼 경우이며, 후자는 설문의 핵심에서 벗어나 푼 경우다.

약 1만2000명의 답안을 채점한 대학교수의 경험에서 보면 균형 잡히지 않은 엉뚱한 답안이나 리포트에서 주의해야 할 점은 주로 이 두 가지다. 0점을 주어도 상관없지만 노력한 만큼의 점수는 주고 있다.

단, 입시나 기말시험을 포함해서 '균형이 잡히지 않은 엉뚱한 답안'으로 보였던 것도 자세히 보면 훌륭한 정답인 경우도 있기 때문에 수학 채점에는 주의를 기울일 필요가 있다. 참고로 한 가지 예를 소개한다.

n에 대한 수학적 귀납법 문제는 일반적으로 n=1일 때를 제시하고 다음으로 n=k일 때 성립된다고 보고 n=k+1일 때 성립됨을 나타내면 완성이다. 그런데 그 답안은 n=1일 때를 제시하고 n=2일 때를 제시하고 n=3일 때를 제시한 다음, n=k일 때 성립한다

고 보고 n=k+1일 때 성립된다는 사실도 분명하게 서술해 놓았다. 'n=1일 때를 제시하고 n=2일 때를 제시하고 n=3일 때를 제시'한 답안의 대부분은 일반적으로 거기까지만 서술하고 마무리를 지을 뿐, 그 뒤의 중요 부분이 없다. 다시 말해서 'n=k일 때 성립한다고 보고 n=k+1일 때 성립한다'는 내용이 없는데, 그 답안에는 분명하게 적혀 있었다.

사회로 눈을 돌려보아도 '균형 잡히지 않은 엉뚱한 설명'은 얼마든지 있다. 문제점을 한정한 예, 문제점에서 벗어난 예를 소개하겠다.

국회의원 선거운동 기간 중이면, 지방의 후보자나 그 사람의 발언 내용을 전달하는 지역 언론 모두 '나라'의 정치임을 잊고 '지방'의 정치에만 한정된 태도를 보인다. 흔히 볼 수 있는 일인데 '설명'으로서는 후보자나 지역 언론 모두 낙제다. 이것이 전자의 예다.

한편 최근의 국내외 학력조사 결과를 봐도 현재 일본 학력문제의 핵심은 '논술 능력'이다. 그런데 일본의 언론들은 언제부턴가 단순한 '계산능력'이나 한자를 읽고 쓰는 문제에 대해서만 논의를 하고 있다. 다시 말해서 문제의 핵심에서 벗어나버리고만 것이다.

자기 자신이 무엇인가를 설명할 때, 혹은 누군가의 발언을 듣거나 읽을 때, 국소적인 부분이 아니라 전체적으로 바라보아 '가정에서 결론을 이끌어내는 형태'를 취하고 있는지, 논점에 대해서 '전체적인 균형'이 흐트러지지는 않았는지를 체크해보아야 한다.

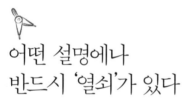

어떤 설명에나
반드시 '열쇠'가 있다

'증명에는 공식이나
정리가 필요하다'는 오해

서구와는 달리 대부분의 일본인은 수학을 싫어한다. 나는 이런 종류의 조사 자료가 있으면 일단 훑어보는데 서구의 젊은이들은 약 70%가 '수학은 생활에 도움이 되며, 재미있다'고 생각하고 있는 반면, 일본의 젊은이 중에서 그렇게 생각하는 사람은 잘해야 30% 정도다. 이전까지의 반성도 포함해서, 수학적 사고방식의 중요성이나 재미를 알리기 위한 계몽활동은 주로 이처럼 수학을 싫어하는 사람들을 대상으로 노력해왔다.

"학생 시절에 이런 이야기를 들었다면 수학을 좋아했을 것 같다"라는 말을 아주 많이 들은 것은 기쁜 일이지만, 학생 시절에 마음 속 수학에 대한 '원한'을 아무래도 떨치지 못하는 사람들도 있었다. 그러한 사람들의 공통된 특징을 살펴보면 수학에 대해 '오해'하고 있는 면이 아주 많다는 사실을 알 수 있다. '원한'과 '오해'만을 수집해서 《수학 따위 지긋지긋해!》라는 책을 진지하게 내보고 싶다는 생각이 들 정도이다.

이러한 오해 중 하나가 "수학의 증명문제를 풀 때는, 무슨무슨 공식이나 무슨무슨 정리처럼 이름이 붙어 있는 공식이나 정리를 중요한 포인트로 활용해야 한다"는 것이다. '2차 방정식을 푸는 공식'이나 '피타고라스의 정리' 등과 같은 것이 중요한 포인트로 등장하지 않으면 '증명'이 아니라고 생각하고 있는 듯하다.

틀림없이 범죄수사에서의 '범인 체포에 직접적 단서'가 되는 중요한 포인트에 대응하는 것이 증명에도 존재하며 일부에서는 그것을 '열쇠'라고 부른다. 문에 사용되는 열쇠도 보통은 1개, 때로는 2개인 경우가 있는데 증명의 '열쇠' 역시 마찬가지다. 예를 들어 '어떤어떤 부분을 증명하면 나머지는 전부 완성된다'고 할 때의 '어떤' 부분이다. 그것을 학교 교육에서는 그럴 듯한 이름이 붙은 공식이나 정리만을 사용하기 때문에 그러한 것을 사용하지 않은 것은 증명이 아니라는 오해가 생기게 되는 것이리라.

실제로 최첨단 수학의 연구에서 모든 '열쇠' 부분에 명칭이 붙은 공식이나 정리가 오는 경우는 절대로 없다. 만약 그렇다면 그 문제는 이미 알려진 공식이나 정리로 곧 풀 수 있는 것이기 때문에 '본질적으로 새로이 증명된 정리'가 될 수 없지 않겠는가. 다시 말해서 '열쇠' 부분까지도 새로운 것을 창조하지 않으면 '본질적으로 새로운 것'이라고는 크게 인정받지 못하는 것이다.

일반적인 설명에 대해서도 같은 말을 할 수 있다. 즉, 어떤 설명에나 하나, 혹은 둘 정도의 '열쇠'가 있는데 그 명칭은 없는 경우가 일반적이다. '가위 바위 보는 왜 세 가지 형태로 굳어졌는가?'에 대해 설명해보겠다. 그것을 위해 두 가지 '열쇠'를 준비했다.

'세 가지 형태'에 대한 기원이 어디에 있는지는 분명하지 않으나 적어도 중국 당나라 때의 책《관윤자(關尹子)》에는 세 형태에 대한 생각이 적혀 있다고 한다. 등장하는 것은 뱀, 개구리, 지네 세 가지인데 뱀은 개구리에게 이기고, 개구리는 지네에게 이기며, 지네는 뱀에게 이긴다.

아시아의 일부에는 '다섯 형태'로 승부를 결정짓는 가위 바위 보의 변형이 남아 있다고 한다. 5개 가운데서 2개를 취하는 조합의 총수는 10개이니 '다섯 형태'인 경우에는 10종류의 승패 유형을 기억해야만 한다. 그 10가지 유형을 어린아이나 술에 취한 아버지가 바로 떠올리기란 그렇게 쉽지 않을 것이다. 하물며 '여섯 형태', '일곱 형태'……가 된다면 많은 사람들이 표를 보면서 승부를 겨뤄야 할 것이다.

그렇다면 '네 형태'는 어떨까? 4개에서 2개를 취하는 조합의 총수는 6가지이니, 6가지라면 외우거나 바로 떠올리는 데 커다란 어려움은 없을 것이다. 만약 네 가지 손 모양을 A, B, C, D라고 한다면 A에 대해서 B, C, D 전부가 이기거나 A에 대해서 B, C, D 전부가 져서는 아무런 의미도 갖지 못한다. 따라서 A에 대해서 두 가지 손 모양이 이기고 한 가지 손 모양이 지거나, A에 대해서 한 가지 손 모양이 이기고 두 가지 손 모양이 져야만 한다. 그런데 양쪽 경우 모두 균형이 맞지 않는다(불공평). 이것이 '네 형태'가 널리 퍼지지 못한 이유일 것이다. '4'가 일반적인 '짝수 n'인 경우에도 균형이 맞지 않기는 마찬가지다.

한편 '다섯 형태'인 경우는 하나의 손 모양에 대해서 두 가지의 손 모양이 이기고 두 가지의 손 모양이 진다고 정하면 불균형은 일어나지 않는다. 그렇기 때문에 '다섯 형태'는 일부에 남아 있는 것이리라. '5'가 일반적인 '홀수 n'인 경우에도 불균형이 일어나지 않도록 할 수 있다는 것은 사실이다.

어떤가? 위 설명에서의 열쇠는 '다섯 형태 이상이면 외우기가 어렵다'는 사실과 '네 형태인 경우는 불균형(불공평)'이라는 사실이다. 일정한 이름의 공식이나 정리를 사용하지 않아도 '논리'로 설명 가능한 법이다.

'모든'과 '어떤'의 용법은
부정문과 함께 이해하자

올바른 부정문을
작성하지 못하는 대학생

　　　　　　미국 오하이오 주립대학에 박사 특별연
구원으로 재직하던 무렵 'Don't you mind~' 등과 같은 부정의
문문으로 질문 받으면 한 박자 쉬었다가 'Yes, ~'라거나 'No, ~'
라고 답하곤 했다. 아마도 영어에 익숙하지 않은 대부분의 비영
어권 사람들이 겪는 문제가 아닐까 싶다.

　'모든 사원이 운전면허증을 가지고 있다'거나 '학급의 어떤 학
생은 홋카이도 출신이다' 등과 같이 긍정문에서는 '모든'과 '어
떤'의 사용법을 틀리는 경우가 별로 없다.

　그런데 그 용법에 부정문이 섞이면 얘기가 달라진다. 꽤 오래
전의 일이지만, 수학과 학생들의 답안지를 보고 다음과 같은 부

정문을 제대로 쓸 줄 아는 사람이 극히 적다는 사실에 놀라지 않을 수 없었다.

'모든 정(正)의 수 q에 대해서 어떤 정의 정수(整數) n이 있고 명제 P(q, n)가 성립된다.'

이 글의 부정문은 다음과 같다.

'어떤 정(正)의 수 q에 대해서는 어떤 정의 정수 n을 취해도 명제 P(q, n)는 성립되지 않는다.'

이런 부정문을 작성하지 못한다는 것은 수학 학습에 있어서 치명적인 일로, 미분적분학이나 위상수학의 기초개념에 관한 학습조차 어려워진다.

이 문제를 심각하게 받아들인 나는 그로부터 얼마쯤 지나 6개 대학의 수학과 2, 3학년 학생 약 400명을 대상으로 좀 더 간단한 문장의 부정문을 쓰는 문제를 내어 조사해본 적이 있었다.

'모든 자연수(정의 정수) n에 대해 명제 P(n)는 성립된다.'

이 문장의 부정문은,

'어떤 자연수 n에 대해 명제 P(n)는 성립되지 않는다.'

인데 약 40%나 되는 학생들이 틀렸다.

이상에서 깨달았을 테지만 '모든', 혹은 '어떤'이 들어간 문장의 부정문을 작성할 때의 포인트는 그것들을 맞바꾸는 데 있다.

논리적 문맥을
염두에 둔다

당연한 얘기일 테지만 영어권 어린이들은 성장 과정에서 'any'나 'some'의 부정문에서의 용법을 자연스럽게 몸에 익힌다. 그래서 비영어권 고등학생들이 어려움을 겪는 'not always ~'나 'not ~ anything'의 의미도 자연스럽게 이해하고 있을 것이다.

여기서 일본 고등학교 영어 교과서를 살펴보면, 예를 들어 'not always ~'를 '반드시 ~하지 않다', 'not ~ anything'을 '모두 ~은 아니다'와 같이 '모든'과 '어떤'의 부정문이 논리적으로 각각 어떤 의미를 가지고 있는지는 설명하지 않은 채 영어 숙어로만 가르치고 있다. 이 부분에서 논리적인 구조를 바탕으로 설명해두면 앞에서 예로든 것 같은 조사 결과는 나오지 않았을 것이다.

내친 김에 중학교와 고등학교의 국어 교과서도 살펴보았는데 역시 '모든'과 '어떤'의 부정문에서의 용법에 대한 서술은 없었다. 논리적인 글에 대한 설명으로 국어 교과서에서 찾아낸 것은 귀납법과 연역법, 그리고 삼단논법 정도였다.

틀림없이 일본어의 부정문에는 "모든 영업사원은 휴대전화기를 가지고 있다"라는 문장에 대해서 "'모든 영업사원이 휴대전화기를 가지고 있다'고는 말할 수 없다"라는 식으로 교묘하게 에둘러서 말하는 방법이 있다. 하지만 국내에서는 그와 같은 용법이 통할지 몰라도 외국에서는 통하지 않으리라는 점은 분명하다. UCLA 교수인 오마에 겐이치(大前研一) 씨는 "일본인 유학생 중에도 영어를 유창하게 하는 학생은 있으나, 그런 학생이라 할지라도 토론을 할 때면 입을 다물어버리고 만다. 애초부터 일본인에게는 논리적 사고를 바탕으로 논의하는 습관이 없다"고 했다. 논리적인 문장에서 가장 중요한 '부정문'의 용법을, 그 의미에서부터 터득하는 것이 글로벌 인재로 가는 첫 걸음이 아닐까?

국어 교육에서도 논리적인 문맥을 염두에 두고 완전부정과 부분부정 표현을 가르쳐야 할 것이다.

일상의 설명에서 사용되는 '귀류법'의 함정

귀류법으로 범인을 색출하다

　　　　　　도쿄 이과대학 이학부 입시의 수학에 '귀류법(歸謬法)'의 의미를 설명하도록 하는 문제를 출제한 적이 있었다. 해답란에는 국어시험처럼 서술을 위한 '빈칸'을 넉넉히 마련했다. 기발한 답안도 여럿 있었다고 하는데 그 이상으로 재미있었던 것은 감독자 중 몇몇 사람들이 "이거 국어시험이 아니라 수학시험 맞죠?"라며 걱정하던 사실이었다.

　우선 '귀류법'에 대해서 복습을 해보자면 '결론을 부정한 뒤, 추론을 진전시켜 모순을 이끌어냄으로 해서 결론이 성립됨을 증명하는 방법'이다. 중요한 포인트로, 이끌어내는 모순은 어디에 나타나도 상관이 없다는 점이 있다. 그런데 수학 전공자들 중에서도 이 '귀류법'과 '대우(對偶)'를 혼동하는 사람을 흔히 볼 수 있다. '대우'란 'p→q'라는 원래의 명제에 대해 'q가 아니면 p가 아니다'라는 문장을 말하는 것으로, 원래의 문장이나 '대우'의 문장 모두 논리적으로는 같은 것이다.

그런데 중학교나 고등학교에서 어설프게 배운 탓인지 '귀류법은 수학의 증명 세계에만 존재하는 것'이라고 생각하는 사람들이 압도적으로 많다. 여기서 두 가지 예문을 살펴보기로 하겠다. 첫 번째는 대화문이고, 두 번째는 일반적인 문장이다.

첫 번째 예문

"당신, 오늘 회사에서 야근하셨다고요? 그래도 너무 늦은 거 아닌가요?"

"맞아. 월말이라 정신없이 바빴어. 돌아오는 길에 약간 추워서 술집에 잠깐 들렀어. 이게 그 집의 라이터야."

"추웠다니 양복 윗도리는 하루 종일 입고 있었겠네요."

"물론이지. 오늘은 하루 종일 추워서 벌벌 떨었어."

"그럼 와이셔츠에 묻어 있는 이 빨간 립스틱 자국 같은 건 뭐죠?"

"앗! 이거 정말 이상한데."

두 번째 예문

B씨 살인사건이 일어난 지 얼마 지나지 않아, A씨 살인사건이 일어났다. 과거 전력으로 보아 A씨가 B씨 살인사건의 범인이 아닐까 추측되었다. 그 뒤에 A씨도 누군가에 의해서 살해당한 것이리라. 하지만 '죽은 자는 말이 없는 법'이니 A씨에게 물어볼 수도 없는 일이다. 이에 B씨 살인사건이 발생한 시각에 A씨의 알리바이가 있는지를 살펴보았다.

A씨가 그 시간대에 자주 가던 곳은 술집 C, 노래방 D, 성인오락실 E였다. 술집 C의 점원은 "그날 A씨는 오지 않았다"고 말했다. 노래방 D의 종업원도 역시 같은 말을 했다. 마지막 성인오락실 E를 찾아가보니 "그 시간대에 A씨는 기계 앞에 찰싹 달라붙어서 게임이 잘되지 않는다고 화를 내며 기계를 마구 두드리곤 했습니다. 시끄럽다는 주위 손님들의 불평도 있고 해서 지배인님이 A씨에게 주의를 주었습니다"라고 증언했다.

첫 번째 예문은 '당일 윗도리를 벗은 적이 있다'를 결론으로 그 부정문인 '당일 윗도리를 입은 채였다'를 가정했다. 그리고 윗도리를 입은 채였다면 묻을 리가 없는 립스틱 자국이 묻어 있다는 사실에서 모순을 끌어낸 것이다. 이 모순이 반드시 립스틱 자국일 필요는 없으며, 예를 들어서 아침에 나갈 때는 제대로 채

워져 있던 와이셔츠의 단추가 저녁에는 한 칸씩 밀려 있었다든지, 상의를 벗지 않는 한 일어날 수 없는 현상이라면 무엇이든 상관없다.

두 번째 예문은 'B씨 살인사건의 범인은 A씨 이외의 사람이다'라는 결론을 바탕으로 그 부정인 'B씨 살인사건의 범인은 A씨다'를 가정했다. 그렇다면 살인사건이 일어난 시간, A씨는 그 현장에 있었던 셈이 된다. 하지만 성인오락실 E에서 열을 올리고 있었다는 확실한 증언으로 모순을 이끌어냈다. 이 모순도 반드시 성인오락실 E일 필요는 없으며 술집 C여도 상관없고 노래방 D여도 상관없다.

위의 두 예문은 모두 훌륭한 귀류법의 예다. 이처럼 귀류법은 일상생활에서도 여러 상황에서 쓰이고 있다. 게다가 이끌어낸 모순이 어디에 나타나도 상관없기 때문에 매우 강력한 논법이라 할 수 있다. 하지만 주의해야 할 중요한 포인트가 있다.

귀류법을 사용할 때는 상대방의 입장도 생각하자

두 번째 예문에서도 알 수 있듯이 형사들은 본질적으로 언제나 귀류법을 사용해서 수사를 하고 있다. 예를 들어 '저 사람 단독범행이라면 아주 무거운 그 흉기를 혼자 두 손으로 들 만한 힘이 있어야 한다. 하지만 저 사람은 얼마

전에 왼손이 부러졌다. 따라서 저 사람 단독 범행으로 보는 것은 모순이다'라는 등의 논법을 매일 사용하고 있는 것이다. 밤낮으로 고생하는 형사 분들께는 실례가 되는 말일지 모르겠으나 매일 많은 사람들을 의심하는 생활을 계속하다보면 성선설이 아니라 성악설을 지지하게 되는 것 아닐까 싶다. 그렇기 때문에 범인 체포의 수법이 강경해지기도 하고, 사람들을 보는 눈에 균형을 잃게 되는 것일지도 모르겠다.

수학에도 여러 가지 분야가 있는데 대부분의 수학은 실수(實數)처럼 무한개의 세계를 대상으로 하고 있다. 그런데 나도 관심을 가지고 연구해온 '유한수학'이라는 분야에서는 몇몇 성질을 가진 대상의 분류를 할 때 유한개의 세계인 탓에 귀류법을 많이 사용하여 억지로 결론을 이끌어내는 경우가 흔히 있다. 말하자면 '빈틈없이 체크하는 면'이 있는 것이다. 유한군론이라는, 유한수학의 한 분야에서 쓰이는 몇몇 정리는 책 1권 분량의 증명이다. 게다가 그것을 처음부터 귀류법으로 이야기하고 있다.

다른 분야의 수학자들은 유한수학에서 귀류법을 많이 사용한 증명방법에 당연히 거부감을 느끼고 있는 듯하다. 예를 들어 '나는 수학 인생 가운데서 딱 한 번 본질적으로 귀류법을 사용한 논문을 쓴 적이 있는데 그것이 늘 마음에 걸린다'라는 식이다. 유한 수학을 연구해온 내 경험에 비춰보자면, 귀류법을 많이 사용한 수학 연구에 몰두하다보면 논의를 이끌어나가는 방법이 약간은 억지스러워지고, 전체를 보는 눈도 균형을 잃게 되는 경향이 있는 듯하다.

어쨌든 귀류법은 강력한 논법이기는 하나 억지스러워지거나 전체를 보지 못하는 일이 없도록 주의를 기울여야 한다. 또한 귀류법의 설명 속에 이야기되어진 내용은 '거짓'이다. 거짓이기 때문에 어딘가에서 모순이 나오는 것이다. 끝도 없이 이어지는 거짓을 듣거나 글을 읽는다는 것은, 일반 사람들에게는 괴로운 일이리라. 따라서 너무 길게 이어지는 귀류법의 설명을 이야기하거나 쓸 때는 상대방의 입장도 보다 신중하게 생각할 필요가 있을 것이다.

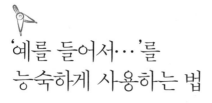

'예를 들어서…'를
능숙하게 사용하는 법

'부정적인 입장'에서
쓰는 것은 간단하다

　　　　　　　심야 토론 방송에서 분위기가 후끈 달아오르면 '예를 들어서……'라는 말을 흔히 들을 수 있다. 냉정하게 듣고 있자면 그 용법을 능숙하게 사용하는 사람과 그렇지 못한 사람이 있다.

'예를 들어서'의 용법에는, 일반적인 주장에 관해 '부정적인 입장'으로 사용하는 경우와 '긍정적인 입장'으로 사용하는 두 가지 경우가 있다. 어려운 것은 후자의 경우로, 그 입장에서 능숙하게 사용한다면 '깊이 있는 표현'이라 여겨질 것이다.

우선 전자, 즉 부정적인 입장에서의 용법부터 살펴보기로 하자.

"저 댁 어머님의 혈액형은 AB형이잖아요. 그런데 그 아들은 혈액형이 O형이에요. 부모 중 한쪽이 AB형이면 그 자식의 혈액형은 절대 O형이 될 수 없다고 학교에서 분명히 배웠어요."

"예를 들어서 동일 염색체 상에 A와 B의 유전자가 몰린 경우가 가끔 있는데, 그럴 때는 부모 중 한쪽이 AB형이라도 자식은 O형이 되는 경우가 있어."

위의 예는 '부모 중 어느 한쪽이 AB형인 경우 자식은 O형이 될 수 없다'는 일반적인 주장은 성립되지 않는다는 사실을, 실제로 일어나고 있는 예외적 상황으로 얘기한 것인데 하나의 경우에만 해당되는 예는 아니다.

"청주를 매일 3컵씩 1년 동안 계속 마시면 누구나 간 기능 수치가 정상치를 넘어설 거야."

"반드시 그렇지만은 않아. 예를 들어서 다나카 군은 매일 4컵씩 2년 동안이나 마셨는데 얼마 전 건강검진에서 GOT, GPT, γ-GTP의 수치 모두 기준치를 넘지 않았어."

이 예는 '청주를 매일 3컵씩 1년 동안 계속 마시면 누구나 간 기능을 나타내는 수치가 정상치를 넘는다'는 일반적 주장이 성립되지 않음을 하나의 반례로 나타낸 것이다.

　무릇 부정적인 입장에서 '예를 들어서'를 쓸 때는 일반적인 주장에 대한 반증의 예로 사용하기 때문에 위의 두 예에서처럼 반증의 예가 어느 정도 일반적인 성질을 가진 것이든, 하나의 경우에만 해당되는 것이든 상관은 없다. 따라서 부정적인 입장에서 사용할 때는 용법에 많은 주의를 기울일 필요는 없다.

토론 방송에서
흔히 저지르기 쉬운 오류

　　　　　　다음으로 '예를 들어서'를 긍정적인 입장에서 사용하는 경우를 생각해보자. 다음의 6가지 예를 들어본다.

　[예1] "말도 짐이 무거우면 힘든 법이야. 예를 들어서 경마의 기수는 모두 몸무게가 가볍잖아."

　[예2] "정의 정수 n에 대해서,

1+2+3+⋯⋯+n,

을 계산하면 그 결과는,

$n×(n+1)÷2$

가 돼. 예를 들어서 'n=4'인 경우를 생각해볼 때 다음 그림을

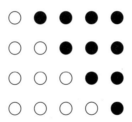

보면 그 의미를 알 수 있을 거야."

[예3] "200년을 살 수 있는 사람은 아무도 없어. 예를 들어서 무소불위의 권력을 쥐고 있었던 도쿠가와 이에야스의 생애도 1542년~1616년, 나폴레옹의 생애도 1769년~1812년까지였잖아."

[예4] "각 자릿수의 숫자의 합이 3의 배수인 정수는, 그 자신이 3의 배수야. 예를 들어서 123의 각 자릿수의 합은 6이고, 123은 3의 배수야."

[예5] "난 혈액형이 AB형인 사람하고는 도저히 맞지가 않아. 예를 들어서 사토, 스즈키, 야마다가 그래."

[예6] "그 회사, 유명한 기업평가사의 평가에서는 A+를 받았지만 사실은 위험한 회사야. 예를 들어서 본사가 그렇게 불편한

장소에 있잖아."

첫 번째 두 번째 예의 '예를 들어서'의 용법은, 주장하고 싶은
일반적인 내용을 전체로 이해하기 바라는 것으로, 엄격한 설명
을 요구하는 경우가 아니라면 그 일반적인 내용의 설명에 관해
서는 그것만으로도 충분하다. 다시 말해 아무런 문제도 없다.

다음의 3번째, 4번째 예는 주장하고 싶은 일반적 내용은 옳
은 것이지만 '예를 들어서' 이하의 예는 주장하고 싶은 내용의
단순한 일례에 지나지 않기 때문에 그것으로 주장하고 싶은 일
반적 내용의 성립을 말하기에는 무리가 있다. 이러한 유형의 '예
를 들어서'를 사용할 때는 어디까지나 '단순한 일례'라는 사실
을 잊지 않는 것이 중요하다.

마지막 5번째, 6번째 예는 주장하고 싶은 일반적 내용에 대한
진위가 분명하지 않음에도 그 주장에 맞는 일례만을 들어 그 일
반적인 내용의 성립을 억지로 주장하려 하는 것이다. 이런 유형
의 '예를 들어서'는 가급적 사용하지 않는 것이 옳을 테지만, 심
야 토론 방송에서는 아주 흔히 들을 수 있다. 절대로 따라하지
않도록 조심해야 한다.

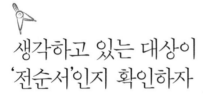

생각하고 있는 대상이
'전순서'인지 확인하자

전순서(全順序)'라는 약속을 정했으면, 지키자

        시작부터 약간 딱딱한 얘기가 될지 모르겠으나, 수직선상에 있는 임의의 서로 다른 두 점을 취하면 거기에는 반드시 대소의 관계가 생긴다. 또한 다음의 그림1에서 임의의 서로 다른 2개의 원을 취하면 거기에는 반드시 '포함하다, 포함되다'라는 관계가 생긴다. 하지만 그림2에서는 그런 관계는 없다.

    일반적으로 집합이 수치선이나 그림1과 같은 관계를 이루고 있을 때 그것을 '전순서'라고 한다(정확한 내용은 수학 전문서적을 참조).

    거리나 시간이나 무게처럼 수(실수)로 측정하는

> **전순서(全順序, total order)**
> 순서론에서, 어떤 이항관계가 집합 S에 대해 '전순서'라는 것은, 그 이항관계가 집합 S의 모든 두 원소에 대해 순서를 정의할 수 있다는 것이다.

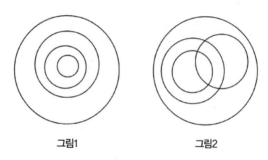

그림1   그림2

스포츠에서는 순위(서열)를 바로 매길 수 있다. 하지만 리듬체
조 경기나 피겨스케이트처럼 '아름다움'을 겨루는 스포츠에서
는, 여러 명의 심판들이 선수의 연기를 세심하게 점수화하여 순
위(서열)를 정한다는 사실에서 알 수 있듯, 인위적으로 점수화하
지 않으면 전순서가 되지 못한다.

'뚱뚱하다'는 말로 생각해보자. A군이 B군보다 뚱뚱하다
는 사실을 서로의 체중을 비교함으로써 정할 수 있을까? A는
180cm에 65kg, B는 150cm에 60kg이라고 하자. 이때 체중
비교에서는 A가 B보다 무겁다. 하지만 누가 봐도 'B가 A보다는
뚱뚱하다'고 말할 것이다.

그렇다면 '신장-체중'으로 비교하는 경우를 생각해보자(차이
가 작을수록 '뚱뚱하다'고 생각한다). 그러면 A는 115, B는 90이
되기 때문에 'B가 A보다 뚱뚱하다'고 말할 수 있을 것이다. 물
론 최근 유행하는 체지방률로 비교하는 편이 더 적당할 것이라
고 생각하는 사람도 여럿 있을 것이다.

이처럼 원래는 전순서적 관계가 없는 대상에 몇 가지 약속을 붙여서 전순서적 관계를 이끌어낼 때는 가능한 한 공정하게, 많은 사람들의 동의를 얻어야 할 것이다. 하지만 일단 전순서적 관계가 도입되었다면, 그 다음부터는 그 세계에서 최선을 다해야 할 것이다. 스포츠뿐만 아니라 비례선거구에서의 돈트 방식(2장 p82 참조)처럼 일단 도입된 뒤에는 그것에 의한 순위(서열)에 따를 수밖에 없는 것이다.

아름다움을 겨루는 스포츠의 어느 코치가 한 공식적인 자리에서는 "내 지도법은 아주 훌륭해서 내가 가르친 선수들은 모두 일본의 10위 이내에 한 번씩은 든 적이 있다"고 자랑스럽다는 듯 말하고, 다른 공식적인 자리에서는 "이 스포츠는 아름다움을 겨루는 것이기 때문에 점수화한다는 것 자체에 반대합니다"라거나 "이 스포츠는 아름다움을 겨루는 것이니 점수화하는 것까지는 모르겠으나, 그 결과를 공표하는 것에는 반대합니다"라고 말했다고 하자.

그 코치는 처음의 공식적인 자리에서 스포츠의 점수화로 인해 발생하는 순위 정하기(서열화)와 결과의 발표를 이미 인정한 것이다. 그렇다면 자기 자랑을 할 때만 점수화와 결과 공표를 인정하고 다른 코치의 성과를 공표할 때는 반대하는 셈이 되니, 누가 봐도 '약삭빠른 사람'으로 보일 것이다.

위의 예에서 든 사람처럼 경솔한 스포츠 코치야 없을 테지만,

리포트나 저서 등에서 의견을 표명할 때 다음과 같은 꼴사나운 모습만은 절대 보이지 않았으면 하는 바람이다. 즉, '어떤 주제에 관해서 자신에게 유리할 때는 전순서화한 결과를 당당히 사용하고, 다른 한편으로는 전순서화 자체에 반대하거나, 혹은 전순서화는 인정하지만 결과 공표에는 반대'하는 태도 말이다. 아이들의 성적 평가나 회사의 인사평가제도 등에서 이와 같은 오류를 범하는 경우가 있을지도 모르겠다.

만약 이와 같은 오류가 있다는 사실을 깨달았다면 가능한 빨리 어느 한쪽을 정정하는 편이 좋을 것이다. 그렇게 하지 않으면 스스로 발표한 '자랑스러운' 성과까지 '의심스러운 결과'가 될지도 모른다.

대부분의 수학자들은 일반적으로 무엇이든 숫자를 이용해서 서열화하려는 사회적 경향을 우려의 심경으로 바라보고 있다. 한편 '삼류'라거나 '유명하지 않다'고 널리 알려진 대상에 대해서도 '평가해야 할 부분은 적극적으로 평가해야 한다'는 마음도 가지고 있다. 그 배경에는 평소 '전순서'의 세계를 중히 여기는 마음이 있는 것이리라.

통계를 사용할 때는
'데이터의 개수'를 잊지 말자

통계 자료를 읽는
방법의 기본

1990년대 중반에 수학 계몽활동을 시작한 이후부터 여러 분야의 사람들을 대상으로 한 연수회나 강연회에 종종 출석하게 되었는데 초창기 강연에서는 화이트보드에 수식을 잔뜩 쓰는 '실수'를 범했다. 이 책에 수식을 거의 싣지 않은 배경에는 거기서 깨달은 반성이 있기 때문이다.

그와 같은 모임에서 잘 모르는 세계의 흥미로운 사실을 여럿 들었는데, 마음에 걸리는 얘기도 있었다. 그것은 중요한 조사 결과를 소개할 때 '비율'은 얘기하지만 '데이터의 개수'는 밝히지 않는 경우가 있다는 점이다.

그것을 계기로 텔레비전이나 신문에서 통계자료를 다룬 기사에는 더욱 주의를 기울이게 되었다. 신문을 보면 요즘에는 '비율' 뿐만 아니라 '데이터의 개수'도 반드시 밝히지만, 텔레비전 보도 방송에서는 변함없이 '비율'만을 이야기하는 경우가 많다. 시청자에게 보여주는 커다란 패널에는 여백이 충분히 있음에도 불구하고 '비율'만 적혀 있는 경우를 흔히 볼 수 있다.

어떻게 된 일인지 설명해 보기로 하겠다.

〈인구동향 통계〉에 의하면 일본에서 2002년도 남자아이의 출생 수는 59만 2840명이고 여자아이는 56만 1015명이었다고 한다. 간단히 해서 남자는 59만 명, 여자는 56만 명 태어났다고 하자. 이 숫자만 보면 '신은 남자와 여자를 2분의 1의 확률로 탄생시킨다'는 가설을 부정할 수 있을 법도 한데, 어떻게 생각하는 것이 좋을까? 만 단위를 떼어내고 어느 소도시 A에서 2002년도에 남자 59명, 여자 56명이 태어났다고 해보자. 이 숫자를 가지고 같은 가설을 부정할 수 있을지에 대해서도 함께 생각해 보자. 일본 전체나 소도시 A 모두 남자와 여자의 비율이 같다는 사실에 유의하자.

위의 가설이 옳다면 '하늘의 신은 정상적인 동전을 던져서 남녀의 출생을 결정한다'고 생각해도 좋을 것이다. 여기서 동전을 100번 던졌을 경우에 대해 생각해보기로 하자.

100번 가운데 100번 모두 앞(뒤)만 나올 확률은 거의 0에 가깝지만 0은 아니다. 하지만 그보다는 앞면이 50번, 뒷면이 50번

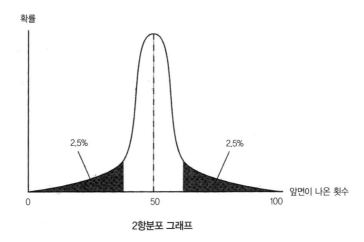

확률

2.5%   2.5%

0   50   100   앞면이 나온 횟수

2항분포 그래프

나올 확률이 더 높다는 사실은 상상할 수 있을 것이다. 2항분포
라는 것을 이용해 보자 위의 그림과 같은 ('정규분포'라는 것에
가까운) 그래프가 만들어진다.

산 모양을 한 그래프의 면적을 100%라고 하고 좌우의 양 끝
부분에서 2.5%씩 합계 5%의 부분에 주목하자. 그 부분은 '가
장 일어나기 어려운 현상에서부터 5% 범위'라고 말할 수 있는
데, 앞면이 나온 횟수가 40 이하, 혹은 60 이상의 부분이라는
사실을 확률계산을 통해서 알 수 있다.

사전에 '5%'라는 기준을 설정해놓고 동전을 100번 던진 결과
앞이 정확히 63번이나 38번 나왔다고 하자. 그렇다면 가장 일어
나기 어려운 현상에서 5% 범위에 들어가는 사실이 나온 셈이
되며 '동전은 정상'이라는 가설은 '유의수준 5%'에서 '기각'된다

고 할 수 있다.

115만 명 가운데 59만 명의 남자아이가 태어났다는 사실은, 확률계산에서 일어나기 어려운 현상인 5% 범위 안에 들어간다. 따라서 이 통계자료를 바탕으로 보면 '신은 남자와 여자를 2분의 1 확률로 탄생시킨다'는 가설은 유의수준 5%에서 기각된다. 하지만 115명 가운데 59명이 태어난 현상은 확률계산을 해보면 5% 범위 안에 들어가지 않는다. 따라서 소도시 A의 통계자료를 바탕으로 보면 그 가설은 유의수준 5%에서 기각되지 않는다. 따라서 '비율'뿐만 아니라 '데이터의 개수'도 함께 명시해야 한다.

참고로 유의수준은 5%가 아니라 1%, 혹은 10% 등도 생각할 수 있으나, 이 유의수준의 기준을 정한 뒤 통계자료를 분석하는 것이 도덕적으로 옳은 과학일 것이다. 또한 '5%'가 자주 사용되는 것은 '농업실험'에서 유래된 것이라고 한다.

학력 저하 문제에 대한 대책으로, 수학에 있어서는 중고등학교의 내용을 완전히 무시한 채 초등학교의 '더하기, 빼기, 곱하기, 나누기'만을 다루는 고집스러운 자세를 버리지 않는 한 언제까지고 '데이터의 개수'를 경시하는 자세도 결코 바뀌지 않을 것이다. 그것은 "통계적인 자료를 보는 방법 따위는 아무래도 상관없으며 세상을 살아가는 데는 사칙연산만 알면 충분하다"고 단언하고 있는 것과 다를 바 없으며, 그 밑바닥에는 '데이터의 개수 따위는 일일이 말할 필요 없고, 비율만 밝히면 된다'는 생각이 깔려 있기 때문이다.

중요한 발표나 보고에서 '비율'만 밝히고 '데이터의 개수'는 빼먹는 일이 없어야 하겠다.

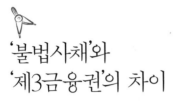

'불법사채'와
'제3금융권'의 차이

산술급수와
기하급수

고전파 경제학자인 맬서스가 1798년 《인구론》에서 얘기한 다음의 말을 많은 사람들이 알고 있을 것이다.

'인구는 제한되지 않으면 기하급수적으로 증가하고 생필품은 산술급수적으로만 증가한다. 조금이나마 수학에 대해서 알고 있는 사람이라면 전자가 후자에 비해 얼마나 큰 것인지 금방 알 수 있을 것이다.'

위의 말 중에서 '산술급수적'이라는 것은 예를 들어서,

5, 5+3, 5+3+3, 5+3+3+3, 5+3+3+3+3……

처럼 다음 항으로 옮겨갈 때마다 일정한 숫자만큼 더하는 것

('등차급수'라고도 한다)을 말하며, '기하급수적'이라는 것은 예를 들어서,

5, 5×3, 5×3×3, 5×3×3×3, 5×3×3×3×3……

처럼 다음 항으로 옮겨갈 때마다 일정한 숫자만큼 곱하는 것('등비급수'라고도 한다)을 말한다.

사칙연산에는 +, -, ×, ÷가 있는데 +와 -는 역의 관계에 있으며, ×와 ÷도 역의 관계에 있다. 따라서 본질적으로는 +와 ×가 있다고 생각하면 된다. 어떠한 것의 변화를 대략적으로 파악할 때는 예문의 '생필품'에 대응하는 것처럼 '얼마씩 더해 나가는가', 혹은 예문의 '인구'에 대응하는 것처럼 '얼마씩 곱해 나가는가'하는 것이 기준이 된다.

아이의 발육을 살펴볼 때는 '해마다 평균 7cm씩 키가 큰다'는 식으로 '생필품'처럼 산술급수적으로 생각한다. 또한 개발도상국의 경제성장을 살펴볼 때는 '매해 평균 7%씩 성장한다'는 식으로 '인구'처럼 기하급수적으로 생각한다.

같은 '평균'이라는 말을 썼지만 전자는 '같은 수를 더해 나간다'는 의미에서의 평균이며, 후자는 '같은 수를 곱해 나간다'는 의미에서의 평균이다. 이처럼 같은 말을 사용한다 할지라도 양자 사이에는 근본적인 차이가 있는데 '변화의 양'을 생각할 때는 가장 먼저 알아두어야 할 핵심이다.

그 양쪽의 차이를 분명히 보여주는 것이 흔히들 '제3금융권'

이라고 말하는 합법적 소비자 금융과 '불법사채'라고 말하는 비합법적 폭력금융이다. 전자는 원금에 대해서 단리(單利)로 이자가 붙지만, 후자는 원금에 대해서 복리로 이자가 붙는다.

여기서 단리와 복리의 차이를 정리해보기로 하겠다. 100만 엔을 연리 20%의 단리로 3년 동안 빌린 경우, 해마다 20만 엔씩의 이자가 붙으니 3년 후에는 원리금 합계가 160만 엔이 된다. 한편 100만 엔을 연리 20%의 복리로 3년 동안 빌린 경우, 1년마다 원리금 합계는 1.2배가 되기 때문에 3년 후면 원리금 합계가 172만 8000엔이 된다(1.2의 세제곱은 1.728).

160만 엔과 172만 8000엔으로는 그다지 큰 차이를 느끼지 못할지도 모르니 3년 후가 아니라 20년 후로 비교해보겠다. 100만 엔을 연리 20%의 단리로 20년 동안 빌린 경우, 20년 후에는 원리금 합계가 500만 엔이 된다. 한편 100만 엔을 연리 20%의 복리로 20년 동안 빌린 경우, 20년 후면 원리금 합계가 놀랍게도 약 3834만 엔이 된다(대수계산에 의하면 1.2의 20제곱은 약 38.34).

증식하는 것은 '대수'로 보는 것이 좋다

참고로 최근의 '불법 사채'에서 흔히 사용되는 금리로 '도사(トサ)'라는 것이 있는데 이는 10일 동안

30%의 이자가 복리로 붙는 것이다. 그런 조건으로 100만 엔을 빌린 뒤 20년 동안 도망 다니다 무시무시한 형님들에게 붙잡히면 대체 어느 정도의 돈을 갚아야 하는지 대수계산 해본 적이 있다. 그 결과는 1 아래 0이 89개나 붙는 숫자에 엔을 붙인 금액을 넘는다. 1 아래 0이 4개 붙은 숫자가 1만, 1 아래 0이 8개 붙은 숫자가 1억, 1 아래 0이 12개 붙은 숫자가 1조이니 상상을 초월하는 숫자라는 사실을 알 수 있을 것이다.

한편 현재 소비자 금융의 상한선은 연리 약 30%인데 그 금리를 적용해서 매해 원리금 균등상환(매해 같은 금액을 상환)으로 5년간 완전히 상환할 경우, 원리금 합계 금액은 원금의 약 2배가 된다.

한편 기하급수적으로 증가하는 것의 예로는 세균의 증식이 잘 알려져 있다. 시간과 함께 변화하는 세균의 수를 가로축이 시간, 세로축이 세균 수인 그래프로 그려보면 금방 하늘을 찌를 듯 솟구친다. 이러한 것을 직선적으로 보는 '마법의 안경'이 있다. 그것이 3장에서 소개한 '대수'다. 대수 그래프를 사용하면, 예를 들어서 세균이 일주일 사이에 몇 배나 늘었는지를 직선으로 확인해볼 수 있다.

타인에게 '변화의 양'을 설명할 때, 어떤 식으로 변화하는지를 살펴본 뒤 설명하면 그 본질을 보다 쉽게 이해시킬 수 있을 것이다.

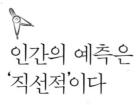

인간의 예측은
'직선적'이다

대부분의 '변화'는
직선적이 아니다

인류의 조상인 유인원이 탄생한 것은 지금으로부터 400만 년도 더 전의 일이며, 현재와 같은 골격을 가진 신인류가 태어난 것은 지금으로부터 4만 년~1만 년 전의 일이다. 한편 제임스 와트에 의해 증기기관이 개량된 이후 약 100년쯤 뒤에 가솔린 자동차가 발명되었다. 이처럼 인류의 역사를 놓고 보면 자동차의 역사는 아주 짧다.

자동차 운전면허증을 갱신할 때마다 '차간 거리'에 대해서 귀에 못이 박이도록 운전 강습에서 주의를 받아도, 큰 사고를 당한 당사자를 제외하면 썩 와 닿지는 않는 모양이다. 그 배경에는 브레이크를 밟은 뒤 멈출 때까지의 제동거리는 자동차 속도의

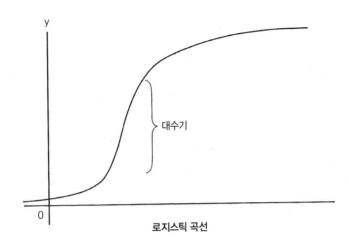

대수기

로지스틱 곡선

2차 함수로 표현되는 포물선(4장 '논리를 바탕으로 한 설명, 데이터를 바탕으로 한 설명' 참조)을 그리는 데 반해서 인류의 감각은 아직 직선적이라는 데 그 본질이 있는 듯하다.

일상에서의 장보기, 공부, 일 등에서 여러 가지 예측을 할 때도 대부분의 경우는 직선적으로 생각한다. 그런데 실제는 '로지스틱 곡선'을 그리는 현상이 생각 외로 많다. 로지스틱 곡선이란 자연대수의 밑인 e를 사용하여 나타내는 위의 그림과 같은 형태의 곡선을 말한다.

로지스틱 곡선은 원래 생물의 개체수 변화를 특징짓기 위해 연구되어온 것인데, 시간의 흐름에 따른 상품판매 수의 변화나 시간의 흐름에 따른 종업원의 사기 변화 등처럼 비즈니스에서도 흔히 볼 수 있는 곡선이다.

하지만 여러 가지 예측에 있어서는 예전의 데이터를 바탕으로 미래를 예측하는 '회귀직선'이 압도적으로 많이 사용되고 있다는 사실을 통해서 알 수 있듯이 인간은 직선을 사용해서 예측하는 것에 안정감을 느끼고 있는 듯하다. 각 기업이 최대 이익이나 최소 경비를 구하기 위해서 일반적으로 사용하는 '선형계획법'도 직선적 발상인 셈이다.

원래 '선형'이란 '1차'를 뜻하는 것으로 영어에서는 양쪽 모두 'linear'다. 이처럼 직선으로 예측하는 것은 기본이 되는 일이며, 또 어떤 의미에서는 '공평'한 것이라고도 생각하고 싶다.

예측의 근거가 되는 '가정'을 명확하게

기본은 직선적 예측이면 된다. 단, 자동차의 제동거리와 같은 것에 대해서는 포물선을 의식해두고, 무엇인가의 성장 과정에 대해서는 로지스틱 곡선을 의식해두면 된다.

그런데 로지스틱 곡선은 포물선처럼 단순한 것이 아니기 때문에 다루는 대상에 따라 몇 가지 주의가 필요하다. 예를 들어 급속하게 개체수가 증식하는 기간(로지스틱 곡선에서 가파르게 상승하는 부분)을 '대수기'라고 하는데, 세균 연구자들에게는 대수기에 들어가기 직전이 세균과의 승부처가 된다.

한편 상품판매 수나 종업원의 사기 등이 대수기를 맞이하지 못했다면 그 비즈니스는 성공하지 못한 것이다. 경영자가 '예측을 잘못해서 너무 적극적으로 덤볐다'고 반성의 말을 하는 것은 대부분이 비즈니스에서 대수기의 급상승 곡선을 그릴 때인데, 회귀직선을 사용하여 미래에 대해 지나치게 공격 일변도로 나갔을 경우다.

여기서 직선으로 예측하는 것이 어떤 의미에서는 '공평'하다고 말한 이유 중 하나를 밝히도록 하겠다.

이제 와서 돌아보면 1970년대~1980년대 말의 거품 절정기까지 상당히 불필요한 공공사업이 다수 행해졌는데 그것들에 기본적으로 공통되는 점 가운데 'GNP(GDP)의 성장률이 5%나 6%라는 높은 수준으로 발전을 계속해왔다'는 '가정'이 있었다. 이는 앞서 말했던 '복리'와 같은 사고방식이다. 그처럼 터무니없는 셈법을 사용하여 미래를 '예측'해서 여러 가지 공공시설의 필요성을 주장하고 예산을 확보해서 착공시킨 것이다. 다시 말해서 '직선'에 의한 예측이 적절한데도 그것은 너무나도 정통적인 방법으로 그래서는 예산을 많이 확보할 수 없기에 '복리'로 예측을 한 것이리라.

무릇 예측이란 자신만을 위해서 사용하기보다는, 오히려 타인에게 무엇인가를 설명할 때 쓰는 경우가 더 많다. 이때 '직선'을 기본으로 사용하는 경우가 많은데 어떤 형태의 예측이든 근

4장 '논리적인 설명'의 열쇠 • 205

거가 되는 가정을 있는 그대로 분명하게 밝힐 필요가 있다. 또 설명을 듣는 쪽도 예측의 '결과'만이 아니라 '근거'에도 좀 더 관심을 기울여야 할 것이다.

설명문도 자꾸 써보면
잘 다듬어진 글이 완성된다

그림의 데생처럼
설명문을 써라

'독해력은 있지만 작문은 어렵다', '영문을 읽을 줄은 알지만 영작문은 못 한다', '수학의 증명문은 이해할 수 있지만 증명을 쓰는 것은 어렵다'고 말하는 사람들을 흔히 볼 수 있다. 공통적으로 할 수 있는 말은 '많이 써보지 않았기 때문'이라는 점이다. 작문이든, 영작문이든, 증명이든 부끄러워하지 말고 적극적으로 쓰다보면 반드시 실력이 느는 법이다. '쓰는 것은 한때의 부끄러움, 쓰지 않는 것은 후세까지의 부끄러움'인 것이다.

지금의 학습지도요강에서 라틴문자의 필기체를 가르치지 않는 것에 대해서 나는 비판을 가해왔는데, 그 근거는 '별로 쓰지 않는 방향'으로 더욱 속도를 내서 달려가는 일이라고 생각했기 때문이다. 물론 중학교 수학 교사로부터 "직선 '*l* (필기체 엘)'이라고 칠판에 쓸 수가 없습니다. 어쩔 수 없이 직선 'l(활자체 엘)'이라고 썼더니 학생들은 직선 '1(숫자)'이라고 읽지를 않나, 정말 진땀을 뺐습니다"라는 말을 들었을 때는 웃음을 터뜨리고 말았지만.

데생을 잘하는 사람을 옆에서 지켜보면 4B 정도의 연필이나 목탄으로 슥슥 그려나간다. 처음에는 전체의 틀을 몇 개의 직선으로 그린다. 다음에는 지우개를 부지런히 써가며 거친 데생을 그린다. 그리고 마지막으로 지우개를 조금씩 써가며 미세한 수정을 가해 데생을 완성한다.

설명문을 쓸 때 역시 개성을 살려도 상관은 없지만, 수학의 증명문을 많이 써본 사람의 입장에서 말하자면 위에서 말한 데생을 그리는 방법처럼 하는 것이 좋을 듯하다.

다시 말해서, 처음에는 전체적인 흐름의 포인트만을 항목별로 정리하듯 몇 줄로 정리한다. 다음으로 거기에 따라서 그다지 본질적이라 생각되지 않는 부분은 간단하게 쓰면서, 어쨌든 처음부터 끝까지 써나간다. 그 단계에 들어서면 도중에 예기치 못한 벽에 부딪치는 경우도 많으며, 때로는 치명상을 입는 경우도 있으나 처음부터 다시 시도하겠다는 마음이 쉽게 드는 법이다. 그리고 마지막으로 간단하게 썼던 부분을 보충하면서 전체를 꼼꼼하게 차근차근 검토하면 된다.

단, 수학의 증명에서는 그다지 본질적이지 않은 부분이라고 생각했던 곳을 꼼꼼히 써내려가는 중에도 뜻밖의 함정을 발견하는 경우가 가끔 있다. 그럴 때면 어쩔 수 없이 실망하게 되지만 머리가 맑아진 상태이기 때문에 곧 생각을 고쳐서 함정을 메우기 위한 노력을 하면 된다. 그 순간은 '아차' 싶어도 나중에 생각해보면 '큰 실수를 범하지 않아서 다행이다'라고 생각하게 되는 경우가 많다.

'수정하는 힘'을 기르자

위의 예를 통해서 이해했을 테지만 여러 가지 설명문을 쓰는 데 있어서 가장 중요한 능력은 '잘못된 점이나 부족한 점을 찾아내서 수정하는 힘'이다. 그 능력을 충분히 갖추고 있으면 처음에는 좋지 않은 글을 썼다 할지라도 마지막에는 짜임새 있는 글이 되는 법이다. '방법만을 외워서 흉내내는 유형'의 학생이 결국 그 이상으로는 능력을 키우지 못한 예와, '조건반사적 암기' 문제에는 약해도 수정할 줄 아는 능력을 충분히 갖고 있는 학생이 나중에는 자신의 능력을 키운 예를 숱하게 보아왔다. 시행착오를 겪으면서 오류를 수정할 줄 아는 힘이 있느냐 없느냐 하는 문제가, 짜임새 있는 설명문을 쓰느냐 쓰지 못하느냐 하는 문제로 직결되는 것이다.

결국 여러 가지 설명문을 적극적으로 쓰다보면 거기에 비례해서 여러 번 첨삭을 하게 되기 때문에 '잘못된 점이나 부족한 점을 찾아내서 수정하는 힘'이 저절로 붙게 된다. 반대로 '조건반사적 암기' 교육만 받다보면 '수정하는 힘'을 기르는 데 오히려 더 많은 시간과 노력이 필요하게 된다.

마지막으로 중요한 점을 한 가지 더 이야기해두겠다.

사실은 '조건반사적 암기형'과는 다른 유형 가운데서도, 아무리 시간이 지나도 설명문을 쓰지 못하는 사람들이 있다. 그것은 '인류의 종으로서의 일본인을 위상론적으로 살펴보자면, 정신 벡터가 구성하는 공간의 기저 문제로 발전한다'는 식으로 의미를 알 수 없는 말들을 남발해놓고 자아도취에 빠지는 사람들이다.

이러한 사람들의 특징은 '추상'과 '횡설수설'을 혼동하고 있다는 점인데 나는 그런 사람들의 말을 들을 때마다, 짙게 화장한 여성들의 숨 막히는 향수를 한껏 뒤집어쓴 듯한 느낌이 든다. 설명문에 쓰는 단어에는, 자신의 생각을 가능한 한 많은 사람들에게 알기 쉽고 정확하게 전달하려는 목적이 있다는 사실을 잊지 말자.

'그럴싸한 말'로 가다듬는 것과 짜임새 있는 설명문으로 가다듬는 것은 전혀 다른 문제이다.

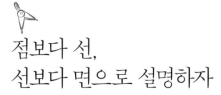

점보다 선,
선보다 면으로 설명하자

'3차원'으로
설명하자

　　　　　　　일본의 경기가 회복세로 접어들었다고 주장하려면 도쿄만 관측하기보다는 삿포로, 오사카, 후쿠오카도 포함시켜 관찰하는 편이 훨씬 더 설득력이 있을 것이다. 그리고 관측지점에 지방의 시골마을까지 폭넓게 포함시킨다면 설득력은 더욱 커지게 된다.

　이처럼 '점보다 선, 선보다 면'으로 설명하는 것이 좋다는 사실은 누구나 인식하고, 또 염두에 두고 있는 점일 것이다. 여기서 점은 0차원, 선은 1차원, 면은 2차원으로 볼 수 있으니 '보다 높은 차원에서 설명하는 것이 좋다'고 일반화해서 말할 수도 있을 것이다. 하지만 그 일반화한 내용을 늘 마음에 두고 실행하기란 의외로 쉽지 않은 일이다.

한 남성이 마음에 쏙 드는 여성을 만나게 되어 그녀의 마음을 사로잡아야겠다고 생각했다고 하자. "반짝이는 네 눈이 아름다워"라고만 말했다면 이것은 0차원이다. 다시 "네 옷이 여성으로서의 매력을 더욱 돋보이게 해서 황홀할 정도야"라고 덧붙였다면 이는 1차원이다. 여기에 또 다른 축이라 할 수 있는 내면적 부분을 클로즈업시켜서 "꿈을 가지고 적극적으로 활동하는 네 삶의 방식이 마음에 들어"라거나 "힘들 때도 늘 상냥함을 잃지 않는 네 마음이 좋아"라는 등의 말을 덧붙인다면 이는 2차원이다.

상대방의 마음을 사로잡을 때는 대부분 외모와 내면이라는 2차원에 집중하는 듯한데, 거기에 또 다른 축인 '시간'을 더해보는 것은 어떨지. 예를 들어서 "지난 몇 년 동안 '너 같은 여성을 만나고 싶다'고 늘 생각해왔어"라고 덧붙이는 것은 3차원이다.

이런 예를 들 필요도 없이 0차원보다는 1차원, 1차원보다는 2차원, 2차원보다는 3차원으로 설명하는 편이 더 설득력 있는 법이다. 그런데 사람들은 흔히 앞서 3차원의 예로 든 '시간'의 축을 그다지 중히 여기지 않는 듯하다. 가정의 뿌리에서부터 현재의 사회문제까지, 외국의 경우가 보다 더 과거로 거슬러 올라가 시간적인 흐름에 따라 설명하려는 듯하다.

일본에서 시간의 축을 그다지 중요하게 여기지 않는 것은 역사 교육에 하나의 원인이 있을지도 모르겠다. 역사 교과서를 읽어보면 알겠지만 일본의 교과서는 주로 '몇 년에 무슨 일이 일어났다'는 사실만 나열했을 뿐, '그로 인해 이런 사건이 일어났고 그것이 새로운 국면으로의 계기가 되었다'는 식의 흐름에 따른 서술은 별로 찾아볼 수가 없다. 만약 일본의 역사교육이 '흐름'을 존중하는 형태로 되었다면 '시간'의 축을 효과적으로 사용한 설명이 여러 방면에서 더 많이 나왔을 것이다.

신제품에 대한 기획서를 작성할 때 '마케팅에 의해 현 소비자들의 수요를 분석해보면……'이라는 서술 외에 '지난 10년 동안에 걸친 소비자들의 기호의 흐름을 봐도……'라는 제언이 더해지면 시간의 축도 더해지는 셈이다. 여러 장면에서 '시간의 축'을 꼭 의식해주었으면 한다.

맺음말

이 책의 교정단계에 들어설 무렵 이와테, 미야기, 와카야마, 후쿠오카 4개 현에서 실시된 학력시험의 결과가 공표되었는데, 전년도 말에 공표된 국제학력조사 결과와 마찬가지로 논술형 문제에 매우 약하다는 사실이 새삼스럽게 지적을 받았다.

여러 가지로 생각해서 해결의 실마리를 찾아야 하며, 서술형 문장을 쓰기 어려워하는 아이들이 많다는 현상은 국가의 장래를 위해서도 가볍게 받아들일 수 없는 큰 문제다.

나는 지난 수년 동안 수학을 통해 사회를 바라보고, '시행착오'와 '설명력'의 중요성을 각계에 호소해왔다. '교육에 결여되어 있는 시행착오', '교육에 시행착오를 활용하자', '수학적 사고방식 중시를, 증명으로 유연한 사고력' 등의 칼럼을 신문 등에 발표했다.

하지만 신문 칼럼에서 주장한 것은 내가 주장하고 싶은 내용 전체의 기껏해야 1% 정도밖에 되지 않는다. 당연히 품고 있는 내용 전부를 남김없이 세상에 토로하는 책을 내보고 싶다는 마음은 있었지만, '시행착오'의 중요성을 전면에 내세운 일반 서적을 출간하는 것은 불가능할 것이라 생각하고 있었다.

'10년 동안에 걸친 수학 계몽활동의 새로운 방향으로의 전개는 없다'며 거의 포기하고 있을 무렵, 당시 고단샤 학예국장 야나기다 가즈야 씨로부터 "시행착오와 수학적 사고방식의 중요성을 세상에 알리는 책을 출판하지 않으시겠습니까?"하는 반가운 연락이 왔다.

더할 나위 없이 좋은 기회를 잡았다는 생각에 이 책을 집필할 수 있게 되었다. 다만, 처음에는 정력적으로 써내려갔으나 원고가 완성되어갈 무렵 대학에서의 일이 바빠졌고 거기서 오는 피로도 겹쳐서 이 책의 출판에 약간 소극적인 자세를 취했던 적도 있었다.

하지만 다행스럽게도 그와 같은 기분을 날려버릴 수 있을 것 같은 일들이 연달아 일어났다. 하나는 《차트로 보는 암 치료 매뉴얼》을 받아보게 된 일이다. 이 책의 2장 '운에서 전략으로'에서도 참고했지만, 그 책은 암 치료의 최전선에서 활동하고 계신 의사선생님 스스로가 각 환자에 대한 치료에서 '시행착오'의 중요성을 알기 쉽게 설명했을 뿐만 아니라, 수학적인 발상이 곳곳에 담긴 책이기도 했다. 본문에서 소개하지는 않았지만 예를 들어보면 '더 이상 치료법이 없다'는 말에는 '세상 어디에도 없다'

는 뜻과 '그 의사(병원)에게는 치료법이 없다'는 뜻 두 가지가 있다는 내용이 있다. 그것을 읽은 순간 '방정식은 풀리지 않는다'에는 두 가지 의미가 있다고 몇 번이고 지적해온 나 자신을 떠올리게 됐다.

다른 하나는, 일본과 영국과의 교류를 바탕으로 여러 분야에서 사업을 확장하고 있는 어느 기업의 경영자께서, 신문에 실렸던 나의 글의 의의를 영국 교육의 시점에서 강조해주셨을 뿐만 아니라, 이 책의 4장 '인간의 예측은 직선적이다'에서도 얘기한 비즈니스 상의 평가방법을 실천해서 좋은 성과를 얻었다는 말씀을 해주었던 일이다.

그리고 마지막으로 신주쿠의 고층 호텔 스카이라운지에 있는 바에서, 칵테일 대회 우승 경험이 있는 바텐더 분들로부터 "칵테일을 정해진 대로 만드는 것도 중요하지만 그보다는 수많은 시행착오를 거쳐서 창작 칵테일에 도전해나가는 데 커다란 꿈이 있다"는 말을 들은 것도 내게는 커다란 자극이 되었다.

이 책의 완성에 도움을 주신 분들에게 진심으로 감사하는 마음을 담아, 우리 사회가 시행착오의 중요성을 깊이 인식하게 되기를 기원하며, 새벽 하늘을 향해서, 건배!

요시자와 미쓰오